大学本科经济应用数学基础特色教材系列

经济应用数学基础（二）

线性代数与线性规划（第四版）

（经济类与管理类）

周誓达 编著

中国人民大学出版社
·北京·

第四版前言

大学本科经济应用数学基础特色教材系列是为大学本科各专业编著的高等数学教材，包括《微积分》、《线性代数与线性规划》及《概率论与数理统计》.这是一套特色鲜明的教材系列，其特色是：密切结合实际工作的需要，充分注意逻辑思维的规律，突出重点，说理透彻，循序渐进，通俗易懂.

经济应用数学基础（二）《线性代数与线性规划》共分五章，介绍了实际工作所需要的行列式、矩阵、向量、线性方程组、投入产出问题及线性规划问题的数学模型、图解法、单纯形解法.本书着重讲解基本概念、基本理论及基本方法，发扬独立思考的精神，培养解决实际问题的能力与熟练操作运算能力.

本书本着“打好基础，够用为度”的原则，去掉了对于实际工作并不急需的某些内容与某些定理的严格证明，而用较多篇幅详细讲述那些急需的内容，讲得流畅，讲得透彻，实现“在战术上以多胜少”的策略.本书不求深，不求全，只求实用，重视在实际工作中的应用，注意与专业课接轨，体现“有所为，必须有所不为”.

本书本着“服务专业，兼顾数学体系”的原则，不盲目攀比难度，做到难易适当，深入浅出，举一反三，融会贯通，达到“跳一跳就能够着苹果”的效果.本书在内容编排上做到前后呼应，前面的内容在后面都有归宿，后面的内容在前面都有伏笔，形象直观地说明问题，适当注意知识面的拓宽，使得“讲起来好讲，学起来好学”.

质量是教材的生命，质量是责任心的反映，质量不过硬，教材就站不住脚.本书在质量上坚持高标准，不但计算正确无误，而且编排科学合理，尤其在线性方程组解的判别的处理上，在向量组线性相关性的论述上，以及在线性规划问题图解法与单纯形解法的讲解上都有许多独到之处，便于学生理解与掌握.衡量教材质量的一项重要标准是减少以至消灭差错，本书整个书稿都经过再三验算，作者自始至终参与排版校对，实现零差错.

例题、习题是教材的窗口，集中展示了教学意图.本书对例题、习题给予高度重视，例题、习题都经过精心设计与编选，它们与概念、理论、方法的讲述完全配套，其中除计算题与实际应用题外，尚有考查基本概念与基本运算技能的填空题与单项选择题.填空题要求将正确答案直接填在空白处；单项选择题是指在四项备选答案中，只有一项是正确的，要求将正确备选答案前面的字母填在括号内.书末附有全部习题答案，便于检查学习效果.

相信读者学完本书后会大有收获，并对学习线性代数与线性规划产生兴趣，快乐地学习线性代数与线性规划，增强学习信心，提高科学素质.记得尊敬的老舍先生关于文学创作曾经说过：写什么固然重要，怎样写尤其重要.这至理名言对于编著教材同样具有指导意义.诚挚欢迎各位教师与广大读者提出宝贵意见，作者本着快乐线性代数与线性规划的理念，将不断改进与完善，坚持不懈地提高质量，突出自己的特点，更好地为教学第一线服务.

本书尚有配套辅导书《线性代数与线性规划学习指导》，它包括各章学习要点与全部习题详细解答，引导读者在全面学习的基础上抓住重点，达到事半功倍的效果.本书教学课件与《线性代数与线性规划学习指导》通过中国人民大学出版社网站供各位教师与广大读者免费下载使用，进行交流，请登录 http://www.crup.com.cn/jiaoyu 获取.

周誓达

2018年1月15日于北京

目　录

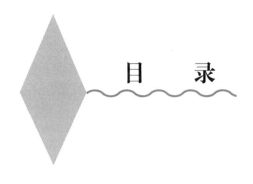

第一章

行 列 式

§1.1 行列式的概念

考虑由两个线性方程式构成的二元线性方程组

$$\begin{cases} a_{11}x_1 + a_{12}x_2 = b_1 \\ a_{21}x_1 + a_{22}x_2 = b_2 \end{cases}$$

其中 x_1, x_2 为未知量，$a_{11}, a_{12}, a_{21}, a_{22}$ 为未知量的系数，b_1, b_2 为常数项. 用消元法解此线性方程组：第一个线性方程式乘以 a_{22}，第二个线性方程式乘以 a_{12}，然后相减；第二个线性方程式乘以 a_{11}，第一个线性方程式乘以 a_{21}，然后相减. 得到

$$\begin{cases} (a_{11}a_{22} - a_{12}a_{21})x_1 = a_{22}b_1 - a_{12}b_2 \\ (a_{11}a_{22} - a_{12}a_{21})x_2 = a_{11}b_2 - a_{21}b_1 \end{cases}$$

当 $a_{11}a_{22} - a_{12}a_{21} \neq 0$ 时，此线性方程组有唯一解

$$\begin{cases} x_1 = \dfrac{a_{22}b_1 - a_{12}b_2}{a_{11}a_{22} - a_{12}a_{21}} \\ x_2 = \dfrac{a_{11}b_2 - a_{21}b_1}{a_{11}a_{22} - a_{12}a_{21}} \end{cases}$$

为了进一步揭示求解公式的规律，需要引进二阶行列式的概念.

记号 $\begin{vmatrix} a_{11} & a_{12} \\ a_{21} & a_{22} \end{vmatrix} = a_{11}a_{22} - a_{12}a_{21}$，称为二阶行列式，其中 $a_{11}, a_{12}, a_{21}, a_{22}$ 称为元素，这 4 个元素排成一个方阵，横排称为行，竖排称为列，二阶行列式共有两行两列. 每个元素有两个

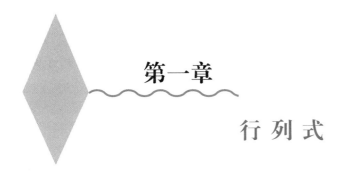

脚标,第一脚标指明这个元素所在行的行数,称为行标;第二脚标指明这个元素所在列的列数,称为列标.在二阶行列式中,从左上角到右下角的对角线称为主对角线,从右上角到左下角的对角线称为次对角线.

二阶行列式的计算,可以用画线的方法记忆,即二阶行列式等于主对角线(实线)上两个元素的乘积减去次对角线(虚线)上两个元素的乘积,如图 1-1.

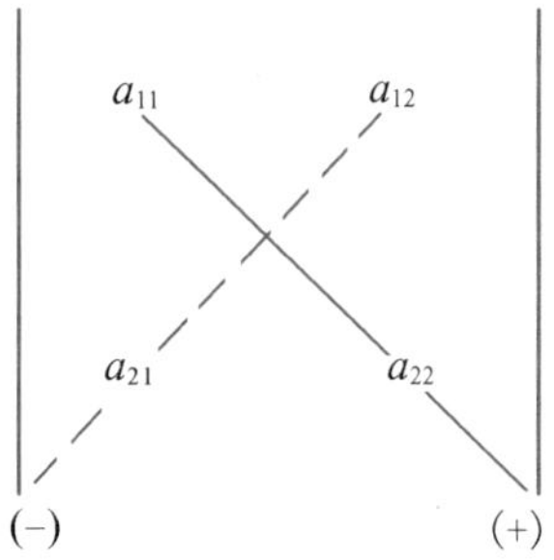

图 1-1

例 1 二阶行列式

$$\begin{vmatrix} 1 & 2 \\ 3 & 4 \end{vmatrix} = 1\times 4 - 2\times 3 = -2$$

例 2 二阶行列式

$$\begin{vmatrix} a & b \\ c & d \end{vmatrix} = ad - bc$$

例 3 填空题

若二阶行列式 $D = \begin{vmatrix} k^2 & 4 \\ 2 & k \end{vmatrix} = 0$,则元素 $k =$ ______.

解:计算二阶行列式

$$D = \begin{vmatrix} k^2 & 4 \\ 2 & k \end{vmatrix} = k^3 - 8$$

再从已知条件得到关系式 $k^3 - 8 = 0$,因此元素

$$k = 2$$

于是应将"2" 直接填在空内.

类似地,为了解由三个线性方程式构成的三元线性方程组,需要引进三阶行列式的概念.

记号 $\begin{vmatrix} a_{11} & a_{12} & a_{13} \\ a_{21} & a_{22} & a_{23} \\ a_{31} & a_{32} & a_{33} \end{vmatrix} = a_{11}a_{22}a_{33} + a_{12}a_{23}a_{31} + a_{13}a_{21}a_{32} - a_{13}a_{22}a_{31} - a_{12}a_{21}a_{33} - a_{11}a_{23}a_{32}$,

称为三阶行列式,三阶行列式共有 9 个元素,它们排成三行三列,从左上角到右下角的对角线称为主对角线,从右上角到左下角的对角线称为次对角线.三阶行列式的计算,也可以用画线的方法记忆,如图 1-2.

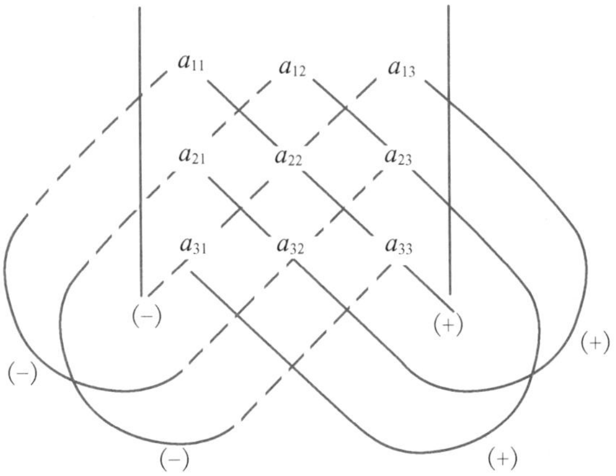

图 1-2

例 4　三阶行列式

$$\begin{vmatrix} 1 & -1 & -2 \\ 2 & 3 & -3 \\ -4 & 4 & 5 \end{vmatrix}$$

$$= 1\times3\times5+(-1)\times(-3)\times(-4)+(-2)\times2\times4-(-2)\times3\times(-4)$$

$$-(-1)\times2\times5-1\times(-3)\times4$$

$$= 15+(-12)+(-16)-24-(-10)-(-12)=-15$$

例 5　三阶行列式

$$\begin{vmatrix} a_{11} & a_{12} & a_{13} \\ 0 & a_{22} & a_{23} \\ 0 & 0 & a_{33} \end{vmatrix} = a_{11}a_{22}a_{33}+0+0-0-0-0=a_{11}a_{22}a_{33}$$

例 6　已知三阶行列式 $D=\begin{vmatrix} a & 3 & 4 \\ -1 & a & 0 \\ 0 & a & 1 \end{vmatrix}=0$,求元素 a 的值.

解:计算三阶行列式

$$D=\begin{vmatrix} a & 3 & 4 \\ -1 & a & 0 \\ 0 & a & 1 \end{vmatrix}=a^2+0+(-4a)-0-(-3)-0=a^2-4a+3$$

$$=(a-1)(a-3)$$

再从已知条件得到关系式 $(a-1)(a-3)=0$,所以元素

$$a=1 \text{ 或 } a=3$$

为了讨论 n 阶行列式,下面给出排列逆序数的概念. 考虑由前 n 个正整数组成的数字不重复的排列 $j_1 j_2 \cdots j_n$ 中,若有较大的数排在较小的数的前面,则称它们构成一个逆序,并称逆序的总数为排列 $j_1 j_2 \cdots j_n$ 的逆序数,记作 $N(j_1 j_2 \cdots j_n)$.

容易知道,由 1,2 这两个数字组成排列的逆序数为

$$N(1\ 2)=0$$
$$N(2\ 1)=1$$

由 1,2,3 这三个数字组成排列的逆序数为

$$N(1\ 2\ 3)=0$$
$$N(2\ 3\ 1)=2$$
$$N(3\ 1\ 2)=2$$
$$N(3\ 2\ 1)=3$$
$$N(2\ 1\ 3)=1$$
$$N(1\ 3\ 2)=1$$

考察二阶行列式,它是 $2!=2$ 项的代数和,每项为来自不同行、不同列的 2 个元素乘积,前面取正号与取负号的项各占一半,即各为 1 项,可以适当交换每项中元素的次序,使得它们的行标按顺序排列,这时若相应列标排列逆序数为零,则这项前面取正号;若相应列标排列逆序数为奇数,则这项前面取负号.

再考察三阶行列式,它是 $3!=6$ 项的代数和,每项为来自不同行、不同列的 3 个元素乘积,前面取正号与取负号的项各占一半,即各为 3 项,可以适当交换每项中元素的次序,使得它们的行标按顺序排列,这时若相应列标排列逆序数为零或偶数,则这项前面取正号;若相应列标排列逆序数为奇数,则这项前面取负号.

根据上面考察得到的规律,给出 n 阶行列式的概念.

定义 1.1 记号 $\begin{vmatrix} a_{11} & a_{12} & \cdots & a_{1n} \\ a_{21} & a_{22} & \cdots & a_{2n} \\ \vdots & \vdots & & \vdots \\ a_{n1} & a_{n2} & \cdots & a_{nn} \end{vmatrix}$ 称为 n 阶行列式,它是 $n!$项的代数和,每项为来自不同行、不同列的 n 个元素乘积,可以适当交换每项中元素的次序,使得它们的行标按顺序排列,这时若相应列标排列逆序数为零或偶数,则这项前面取正号;若相应列标排列逆序数为奇数,则这项前面取负号.

n 阶行列式共有 n^2 个元素,它们排成 n 行 n 列,从左上角到右下角的对角线称为主对角线,从右上角到左下角的对角线称为次对角线. 容易知道:同一行的元素不可能乘在一起,同一列的元素也不可能乘在一起. 可以证明:在 n 阶行列式中,前面取正号与取负号的项各占一半,即各为$\frac{n!}{2}$项.

行列式经常用大写字母 D 表示,或记作$|a_{ij}|$. 特别规定一阶行列式$|a_{11}|=a_{11}$.

例 7 问乘积 $a_{34}a_{21}a_{42}a_{23}$ 是否是四阶行列式 $D=|a_{ij}|$ 中的项?

解:在乘积 $a_{34}a_{21}a_{42}a_{23}$ 中,元素 a_{21} 与 a_{23} 的行标同为 2,说明这两个元素皆来自第 2 行,所以乘积 $a_{34}a_{21}a_{42}a_{23}$ 不是四阶行列式 D 中的项.

例 8 填空题

在四阶行列式 $D=|a_{ij}|$ 中,项 $a_{31}a_{24}a_{43}a_{12}$ 前面应取的正负号是______.

解:适当交换所给项中元素的次序,使得它们的行标按顺序排列,得到

$$a_{31}a_{24}a_{43}a_{12}=a_{12}a_{24}a_{31}a_{43}$$

这时相应列标排列逆序数

$$N(2\ 4\ 1\ 3)=3$$

是奇数,因而项 $a_{31}a_{24}a_{43}a_{12}$ 前面应取负号,于是应将“负号”直接填在空内.

定义 1.2　已知 n 阶行列式

$$D=\begin{vmatrix} a_{11} & a_{12} & \cdots & a_{1n} \\ a_{21} & a_{22} & \cdots & a_{2n} \\ \vdots & \vdots & & \vdots \\ a_{n1} & a_{n2} & \cdots & a_{nn} \end{vmatrix}$$

将行列依次互换(第 1 行变成第 1 列,第 2 行变成第 2 列,…,第 n 行变成第 n 列),所得到的 n 阶行列式称为行列式 D 的转置行列式,记作

$$D^{\mathrm{T}}=\begin{vmatrix} a_{11} & a_{21} & \cdots & a_{n1} \\ a_{12} & a_{22} & \cdots & a_{n2} \\ \vdots & \vdots & & \vdots \\ a_{1n} & a_{2n} & \cdots & a_{nn} \end{vmatrix}$$

行列式 D 与它的转置行列式 D^{T} 之间有什么关系?考察三阶行列式

$$D=\begin{vmatrix} a_{11} & a_{12} & a_{13} \\ a_{21} & a_{22} & a_{23} \\ a_{31} & a_{32} & a_{33} \end{vmatrix}$$

$$=a_{11}a_{22}a_{33}+a_{12}a_{23}a_{31}+a_{13}a_{21}a_{32}-a_{13}a_{22}a_{31}-a_{12}a_{21}a_{33}-a_{11}a_{23}a_{32}$$

$$D^{\mathrm{T}}=\begin{vmatrix} a_{11} & a_{21} & a_{31} \\ a_{12} & a_{22} & a_{32} \\ a_{13} & a_{23} & a_{33} \end{vmatrix}$$

$$=a_{11}a_{22}a_{33}+a_{21}a_{32}a_{13}+a_{31}a_{12}a_{23}-a_{31}a_{22}a_{13}-a_{21}a_{12}a_{33}-a_{11}a_{32}a_{23}$$

容易看出:$D^{\mathrm{T}}=D$,可以证明这个结论对于 n 阶行列式也是成立的.

定理 1.1　转置行列式 D^{T} 的值等于行列式 D 的值,即

$$D^{\mathrm{T}}=D$$

定理 1.1 说明:在行列式中,行与列的地位是对等的. 即:凡有关行的性质,对于列必然成立;凡有关列的性质,对于行也必然成立.

最后讨论一类最基本也是最重要的行列式即三角形行列式.

定义 1.3　若行列式 D 主对角线以上或以下的元素全为零,则称行列式 D 为三角形行列式.

考虑三角形行列式

$$D=\begin{vmatrix} a_{11} & 0 & \cdots & 0 \\ a_{21} & a_{22} & \cdots & 0 \\ \vdots & \vdots & & \vdots \\ a_{n1} & a_{n2} & \cdots & a_{nn} \end{vmatrix}$$

它当然等于 $n!$ 项代数和,其中含有零因子的项一定等于零,可以不必考虑,所以只需考虑可能不为零的项. 在这样的项中,必然有一个因子来自第 1 行,只能是元素 a_{11};必然有一个因子

来自第2行，有元素 a_{21}，a_{22} 可供选择，但元素 a_{21} 与元素 a_{11} 同在第1列，不能乘在一起，从而只能是元素 a_{22}；…；必然有一个因子来自第 n 行，有元素 a_{n1}，a_{n2}，…，a_{nn} 可供选择，但元素 a_{n1} 与元素 a_{11} 同在第1列，不能乘在一起，元素 a_{n2} 与元素 a_{22} 同在第2列，不能乘在一起，…，从而只能是元素 a_{nn}. 这说明可能不为零的项只有一项 $a_{11}a_{22}\cdots a_{nn}$，行标已经按顺序排列，由于列标排列逆序数

$$N(1\ 2\ \cdots\ n)=0$$

所以项 $a_{11}a_{22}\cdots a_{nn}$ 前面应取正号. 那么，三角形行列式

$$D=\begin{vmatrix} a_{11} & 0 & \cdots & 0 \\ a_{21} & a_{22} & \cdots & 0 \\ \vdots & \vdots & & \vdots \\ a_{n1} & a_{n2} & \cdots & a_{nn} \end{vmatrix}=a_{11}a_{22}\cdots a_{nn}$$

同理，另一种三角形行列式

$$D=\begin{vmatrix} a_{11} & a_{12} & \cdots & a_{1n} \\ 0 & a_{22} & \cdots & a_{2n} \\ \vdots & \vdots & & \vdots \\ 0 & 0 & \cdots & a_{nn} \end{vmatrix}=a_{11}a_{22}\cdots a_{nn}$$

由此可知：三角形行列式的值等于主对角线上元素的乘积.

若行列式 D 主对角线以外的元素全为零，则称行列式 D 为对角形行列式，它是三角形行列式的特殊情况，它的值当然等于主对角线上元素的乘积，即

$$D=\begin{vmatrix} a_{11} & 0 & \cdots & 0 \\ 0 & a_{22} & \cdots & 0 \\ \vdots & \vdots & & \vdots \\ 0 & 0 & \cdots & a_{nn} \end{vmatrix}=a_{11}a_{22}\cdots a_{nn}$$

例 9　n 阶行列式

$$D=\begin{vmatrix} 1 & 1 & \cdots & 1 \\ 0 & 2 & \cdots & 2 \\ \vdots & \vdots & & \vdots \\ 0 & 0 & \cdots & n \end{vmatrix}=1\times 2\times\cdots\times n=n!$$

§1.2　行列式的性质

尽管在行列式定义中给出了计算行列式的具体方法，但工作量是很大的，因此有必要寻找计算行列式的其他方法.

根据 §1.1 的讨论可知，三角形行列式的计算非常简单，能够立即得到结果. 于是，计算行列式的思路之一就是将所计算的行列式通过恒等变形化为三角形行列式，其依据就是行列式的性质.

考虑三阶行列式

$$D=\begin{vmatrix}a_{11}&a_{12}&a_{13}\\a_{21}&a_{22}&a_{23}\\a_{31}&a_{32}&a_{33}\end{vmatrix}$$

$$=a_{11}a_{22}a_{33}+a_{12}a_{23}a_{31}+a_{13}a_{21}a_{32}-a_{13}a_{22}a_{31}-a_{12}a_{21}a_{33}-a_{11}a_{23}a_{32}$$

若将第 1 行与第 2 行交换,得到行列式

$$D_1=\begin{vmatrix}a_{21}&a_{22}&a_{23}\\a_{11}&a_{12}&a_{13}\\a_{31}&a_{32}&a_{33}\end{vmatrix}$$

$$\begin{aligned}&=a_{21}a_{12}a_{33}+a_{22}a_{13}a_{31}+a_{23}a_{11}a_{32}-a_{23}a_{12}a_{31}-a_{22}a_{11}a_{33}-a_{21}a_{13}a_{32}\\&=-a_{11}a_{22}a_{33}-a_{12}a_{23}a_{31}-a_{13}a_{21}a_{32}+a_{13}a_{22}a_{31}+a_{12}a_{21}a_{33}+a_{11}a_{23}a_{32}\\&=-D\end{aligned}$$

若将第 1 行乘以数 k,得到行列式

$$D_2=\begin{vmatrix}ka_{11}&ka_{12}&ka_{13}\\a_{21}&a_{22}&a_{23}\\a_{31}&a_{32}&a_{33}\end{vmatrix}$$

$$\begin{aligned}&=ka_{11}a_{22}a_{33}+ka_{12}a_{23}a_{31}+ka_{13}a_{21}a_{32}-ka_{13}a_{22}a_{31}-ka_{12}a_{21}a_{33}-ka_{11}a_{23}a_{32}\\&=kD\end{aligned}$$

若将第 1 行的 k 倍加到第 2 行上去,得到行列式

$$D_3=\begin{vmatrix}a_{11}&a_{12}&a_{13}\\a_{21}+ka_{11}&a_{22}+ka_{12}&a_{23}+ka_{13}\\a_{31}&a_{32}&a_{33}\end{vmatrix}$$

$$\begin{aligned}&=a_{11}(a_{22}+ka_{12})a_{33}+a_{12}(a_{23}+ka_{13})a_{31}+a_{13}(a_{21}+ka_{11})a_{32}\\&\quad-a_{13}(a_{22}+ka_{12})a_{31}-a_{12}(a_{21}+ka_{11})a_{33}-a_{11}(a_{23}+ka_{13})a_{32}\\&=a_{11}a_{22}a_{33}+a_{12}a_{23}a_{31}+a_{13}a_{21}a_{32}-a_{13}a_{22}a_{31}-a_{12}a_{21}a_{33}-a_{11}a_{23}a_{32}\\&=D\end{aligned}$$

从上面观察得到的结论,可以证明对于 n 阶行列式在一般情况下也是成立的,行列式具有下列性质:

性质 1　交换行列式的任意两行(列),行列式变号;

性质 2　行列式的任意一行(列)的公因子可以提到行列式外面;

性质 3　行列式的任意一行(列)的 k 倍加到另外一行(列)上去,行列式的值不变.

自然会提出这样的问题:在什么情况下,行列式的值一定等于零. 作为行列式性质的推论回答了这个问题.

推论 1　如果行列式有一行(列)的元素全为零,则行列式的值一定等于零;

推论 2　如果行列式有两行(列)的对应元素相同,则行列式的值一定等于零;

推论 3　如果行列式有两行(列)的对应元素成比例,则行列式的值一定等于零.

例 1　已知三阶行列式 $\begin{vmatrix}a_1&b_1&c_1\\a_2&b_2&c_2\\a_3&b_3&c_3\end{vmatrix}=10$,求三阶行列式 $\begin{vmatrix}a_3&b_3&c_3\\a_1&b_1&c_1\\a_2&b_2&c_2\end{vmatrix}$ 的值.

解:三阶行列式

$$\begin{vmatrix} a_3 & b_3 & c_3 \\ a_1 & b_1 & c_1 \\ a_2 & b_2 & c_2 \end{vmatrix}$$

(交换第 1 行与第 2 行)

$$=-\begin{vmatrix} a_1 & b_1 & c_1 \\ a_3 & b_3 & c_3 \\ a_2 & b_2 & c_2 \end{vmatrix}$$

(交换第 2 行与第 3 行)

$$=(-1)^2\begin{vmatrix} a_1 & b_1 & c_1 \\ a_2 & b_2 & c_2 \\ a_3 & b_3 & c_3 \end{vmatrix}=(-1)^2\times 10=10$$

例 2　已知三阶行列式 $\begin{vmatrix} x_1 & y_1 & z_1 \\ x_2 & y_2 & z_2 \\ x_3 & y_3 & z_3 \end{vmatrix}=3$,求三阶行列式 $\begin{vmatrix} 2x_1 & 2y_1 & 2z_1 \\ 2x_2 & 2y_2 & 2z_2 \\ 2x_3 & 2y_3 & 2z_3 \end{vmatrix}$ 的值.

解:三阶行列式

$$\begin{vmatrix} 2x_1 & 2y_1 & 2z_1 \\ 2x_2 & 2y_2 & 2z_2 \\ 2x_3 & 2y_3 & 2z_3 \end{vmatrix}$$

(第 1 行至第 3 行各行的公因子 2 皆提到行列式外面)

$$=2\times 2\times 2\begin{vmatrix} x_1 & y_1 & z_1 \\ x_2 & y_2 & z_2 \\ x_3 & y_3 & z_3 \end{vmatrix}=2^3\times 3=24$$

例 3　已知三阶行列式 $\begin{vmatrix} a & b & c \\ u & v & w \\ x & y & z \end{vmatrix}=M$,求三阶行列式 $\begin{vmatrix} a+kb & b+c & c \\ u+kv & v+w & w \\ x+ky & y+z & z \end{vmatrix}$ 的值.

解:三阶行列式

$$\begin{vmatrix} a+kb & b+c & c \\ u+kv & v+w & w \\ x+ky & y+z & z \end{vmatrix}$$

(第 3 列的 -1 倍加到第 2 列上去)

$$=\begin{vmatrix} a+kb & b & c \\ u+kv & v & w \\ x+ky & y & z \end{vmatrix}$$

(第 2 列的 $-k$ 倍加到第 1 列上去)

$$=\begin{vmatrix} a & b & c \\ u & v & w \\ x & y & z \end{vmatrix}=M$$

例 4　已知三阶行列式 $\begin{vmatrix} a_{11} & a_{12} & a_{13} \\ a_{21} & a_{22} & a_{23} \\ a_{31} & a_{32} & a_{33} \end{vmatrix}=1$,求三阶行列式

$$\begin{vmatrix} 4a_{11} & 4a_{12} & 4a_{13} \\ a_{31} & a_{32} & a_{33} \\ 2a_{21}-3a_{31} & 2a_{22}-3a_{32} & 2a_{23}-3a_{33} \end{vmatrix}$$

的值.

解:三阶行列式

$$\begin{vmatrix} 4a_{11} & 4a_{12} & 4a_{13} \\ a_{31} & a_{32} & a_{33} \\ 2a_{21}-3a_{31} & 2a_{22}-3a_{32} & 2a_{23}-3a_{33} \end{vmatrix}$$

(交换第 2 行与第 3 行)

$$=-\begin{vmatrix} 4a_{11} & 4a_{12} & 4a_{13} \\ 2a_{21}-3a_{31} & 2a_{22}-3a_{32} & 2a_{23}-3a_{33} \\ a_{31} & a_{32} & a_{33} \end{vmatrix}$$

(第 1 行的公因子 4 提到行列式外面)

$$=-4\begin{vmatrix} a_{11} & a_{12} & a_{13} \\ 2a_{21}-3a_{31} & 2a_{22}-3a_{32} & 2a_{23}-3a_{33} \\ a_{31} & a_{32} & a_{33} \end{vmatrix}$$

(第 3 行的 3 倍加到第 2 行上去)

$$=-4\begin{vmatrix} a_{11} & a_{12} & a_{13} \\ 2a_{21} & 2a_{22} & 2a_{23} \\ a_{31} & a_{32} & a_{33} \end{vmatrix}$$

(第 2 行的公因子 2 提到行列式外面)

$$=-4\times 2\begin{vmatrix} a_{11} & a_{12} & a_{13} \\ a_{21} & a_{22} & a_{23} \\ a_{31} & a_{32} & a_{33} \end{vmatrix}=-4\times 2\times 1=-8$$

例 5　填空题

四阶行列式 $\begin{vmatrix} x_1 & y_1 & z_1 & kx_1 \\ x_2 & y_2 & z_2 & kx_2 \\ x_3 & y_3 & z_3 & kx_3 \\ x_4 & y_4 & z_4 & kx_4 \end{vmatrix}=$ ______.

解:由于所给四阶行列式

$$\begin{vmatrix} x_1 & y_1 & z_1 & kx_1 \\ x_2 & y_2 & z_2 & kx_2 \\ x_3 & y_3 & z_3 & kx_3 \\ x_4 & y_4 & z_4 & kx_4 \end{vmatrix}$$

中第 4 列与第 1 列的对应元素成比例,所以四阶行列式

$$\begin{vmatrix} x_1 & y_1 & z_1 & kx_1 \\ x_2 & y_2 & z_2 & kx_2 \\ x_3 & y_3 & z_3 & kx_3 \\ x_4 & y_4 & z_4 & kx_4 \end{vmatrix} = 0$$

于是应将"0"直接填在空内.

有一些比较简单的行列式,应用行列式的性质,很容易把它们化为三角形行列式,因而迅速得到它们的值.

例 6 单项选择题

已知四阶行列式 $\begin{vmatrix} 0 & 0 & 0 & 1 \\ 0 & 0 & a & 0 \\ 0 & 2 & 0 & 0 \\ 4 & 0 & 0 & a^2 \end{vmatrix} = 1$,则元素 $a =$ (   ).

(a) $-\frac{1}{2}$ (b) $\frac{1}{2}$

(c) $-\frac{1}{8}$ (d) $\frac{1}{8}$

解:计算四阶行列式

$$\begin{vmatrix} 0 & 0 & 0 & 1 \\ 0 & 0 & a & 0 \\ 0 & 2 & 0 & 0 \\ 4 & 0 & 0 & a^2 \end{vmatrix}$$

(交换第 1 行与第 4 行,交换第 2 行与第 3 行)

$$= (-1)^2 \begin{vmatrix} 4 & 0 & 0 & a^2 \\ 0 & 2 & 0 & 0 \\ 0 & 0 & a & 0 \\ 0 & 0 & 0 & 1 \end{vmatrix} = 8a$$

再从已知条件得到关系式 $8a = 1$,因此元素

$$a = \frac{1}{8}$$

这个正确答案恰好就是备选答案(d),所以选择(d).

例 7　填空题

四阶行列式 $\begin{vmatrix} 0 & 0 & 1 & 0 \\ 0 & 1 & 0 & 0 \\ 1 & 0 & 0 & 0 \\ 0 & 0 & 0 & 1 \end{vmatrix} =$ ______.

解: 计算四阶行列式

$$\begin{vmatrix} 0 & 0 & 1 & 0 \\ 0 & 1 & 0 & 0 \\ 1 & 0 & 0 & 0 \\ 0 & 0 & 0 & 1 \end{vmatrix}$$

（交换第 1 行与第 3 行）

$$= -\begin{vmatrix} 1 & 0 & 0 & 0 \\ 0 & 1 & 0 & 0 \\ 0 & 0 & 1 & 0 \\ 0 & 0 & 0 & 1 \end{vmatrix} = -1$$

于是应将“-1”直接填在空内.

例 8　计算四阶行列式 $\begin{vmatrix} 1 & 2 & 3 & 4 \\ -1 & 0 & 3 & 4 \\ -1 & -2 & 0 & 4 \\ -1 & -2 & -3 & 0 \end{vmatrix}$.

解: 四阶行列式

$$\begin{vmatrix} 1 & 2 & 3 & 4 \\ -1 & 0 & 3 & 4 \\ -1 & -2 & 0 & 4 \\ -1 & -2 & -3 & 0 \end{vmatrix}$$

（第 1 行分别加到第 2 行至第 4 行上去）

$$= \begin{vmatrix} 1 & 2 & 3 & 4 \\ 0 & 2 & 6 & 8 \\ 0 & 0 & 3 & 8 \\ 0 & 0 & 0 & 4 \end{vmatrix} = 24$$

例 9　计算四阶行列式 $\begin{vmatrix} 1 & 2 & 3 & 4 \\ 2 & 3 & 4 & 1 \\ 3 & 4 & 1 & 2 \\ 4 & 1 & 2 & 3 \end{vmatrix}$.

解: 四阶行列式

$$\begin{vmatrix} 1 & 2 & 3 & 4 \\ 2 & 3 & 4 & 1 \\ 3 & 4 & 1 & 2 \\ 4 & 1 & 2 & 3 \end{vmatrix}$$

(第 1 行的 −2 倍加到第 2 行上去,第 1 行的 −3 倍加到第 3 行上去,第 1 行的 −4 倍加到第 4 行上去)

$$=\begin{vmatrix} 1 & 2 & 3 & 4 \\ 0 & -1 & -2 & -7 \\ 0 & -2 & -8 & -10 \\ 0 & -7 & -10 & -13 \end{vmatrix}$$

(第 2 行的 −2 倍加到第 3 行上去,第 2 行的 −7 倍加到第 4 行上去)

$$=\begin{vmatrix} 1 & 2 & 3 & 4 \\ 0 & -1 & -2 & -7 \\ 0 & 0 & -4 & 4 \\ 0 & 0 & 4 & 36 \end{vmatrix}$$

(第 3 行加到第 4 行上去)

$$=\begin{vmatrix} 1 & 2 & 3 & 4 \\ 0 & -1 & -2 & -7 \\ 0 & 0 & -4 & 4 \\ 0 & 0 & 0 & 40 \end{vmatrix}=160$$

对于元素为字母的情况,也同样可以应用行列式的性质求解.

例 10 计算四阶行列式$\begin{vmatrix} -1 & 1 & 0 & 0 \\ 0 & -1 & 1 & 0 \\ 0 & 0 & -1 & 1 \\ a & a & a & 1 \end{vmatrix}$.

解:四阶行列式

$$\begin{vmatrix} -1 & 1 & 0 & 0 \\ 0 & -1 & 1 & 0 \\ 0 & 0 & -1 & 1 \\ a & a & a & 1 \end{vmatrix}$$

(第 1 行的 a 倍加到第 4 行上去)

$$=\begin{vmatrix} -1 & 1 & 0 & 0 \\ 0 & -1 & 1 & 0 \\ 0 & 0 & -1 & 1 \\ 0 & 2a & a & 1 \end{vmatrix}$$

(第 2 行的 $2a$ 倍加到第 4 行上去)

$$=\begin{vmatrix}-1&1&0&0\\0&-1&1&0\\0&0&-1&1\\0&0&3a&1\end{vmatrix}$$

（第 3 行的 $3a$ 倍加到第 4 行上去）

$$=\begin{vmatrix}-1&1&0&0\\0&-1&1&0\\0&0&-1&1\\0&0&0&3a+1\end{vmatrix}=-(3a+1)$$

例 11　计算四阶行列式 $\begin{vmatrix}x&a&a&a\\a&x&a&a\\a&a&x&a\\a&a&a&x\end{vmatrix}$.

解:在所求四阶行列式中,注意到主对角线上元素皆为 x,其余元素皆为 a,因而每列的 4 个元素由 1 个 x 与 3 个 a 构成,其和皆为 $x+3a$. 所以四阶行列式

$$\begin{vmatrix}x&a&a&a\\a&x&a&a\\a&a&x&a\\a&a&a&x\end{vmatrix}$$

（第 2 行至第 4 行皆加到第 1 行上去）

$$=\begin{vmatrix}x+3a&x+3a&x+3a&x+3a\\a&x&a&a\\a&a&x&a\\a&a&a&x\end{vmatrix}$$

（第 1 行的公因子 $x+3a$ 提到行列式外面）

$$=(x+3a)\begin{vmatrix}1&1&1&1\\a&x&a&a\\a&a&x&a\\a&a&a&x\end{vmatrix}$$

（第 1 行的 $-a$ 倍分别加到第 2 行至第 4 行上去）

$$=(x+3a)\begin{vmatrix}1&1&1&1\\0&x-a&0&0\\0&0&x-a&0\\0&0&0&x-a\end{vmatrix}=(x+3a)(x-a)^3$$

计算一些非常简单的 n 阶行列式,关键在于弄清楚元素构成的规律.

例 12 计算 n 阶行列式 $\begin{vmatrix} 1 & 1 & \cdots & 1 \\ 1 & 0 & \cdots & 1 \\ \vdots & \vdots & & \vdots \\ 1 & 1 & \cdots & 0 \end{vmatrix}$.

解:在所求 n 阶行列式中,元素构成的规律是:主对角线上 n 个元素中除 1 个元素为 1 外,其余元素皆为零,而对角线以外的元素全为 1. 所以 n 阶行列式

$$\begin{vmatrix} 1 & 1 & \cdots & 1 \\ 1 & 0 & \cdots & 1 \\ \vdots & \vdots & & \vdots \\ 1 & 1 & \cdots & 0 \end{vmatrix}$$

(第 1 行的 -1 倍分别加到第 2 行至第 n 行上去)

$$= \begin{vmatrix} 1 & 1 & \cdots & 1 \\ 0 & -1 & \cdots & 0 \\ \vdots & \vdots & & \vdots \\ 0 & 0 & \cdots & -1 \end{vmatrix} = (-1)^{n-1}$$

§1.3 行列式的展开

计算行列式的思路之二就是将所计算的行列式通过恒等变形化为较低阶的行列式,其依据就是行列式的展开.

定义 1.4 在 n 阶行列式 D 中,若划掉元素 $a_{ij}(1 \leqslant i \leqslant n, 1 \leqslant j \leqslant n)$ 所在的第 i 行与第 j 列,则称剩余元素构成的 $n-1$ 阶行列式为元素 a_{ij} 的余子式,记作 M_{ij};并称 $(-1)^{i+j}M_{ij}$ 为元素 a_{ij} 的代数余子式,记作

$$A_{ij} = (-1)^{i+j}M_{ij}$$

n 阶行列式共有 n^2 个元素,每一个元素都有其代数余子式,因此共有 n^2 个代数余子式.

例 1 已知四阶行列式 $D = \begin{vmatrix} 1 & -1 & -6 & 0 \\ 4 & 3 & 2 & 1 \\ -2 & 7 & 8 & -3 \\ 5 & 0 & 9 & 4 \end{vmatrix}$,求元素 $a_{23}=2$ 的余子式 M_{23} 与代数余子式 A_{23}.

解:在所给四阶行列式 D 中,划掉元素 $a_{23}=2$ 所在的第 2 行与第 3 列,剩余元素构成的三阶行列式为元素 $a_{23}=2$ 的余子式,即

$$M_{23} = \begin{vmatrix} 1 & -1 & 0 \\ -2 & 7 & -3 \\ 5 & 0 & 4 \end{vmatrix} = 28+15+0-0-8-0 = 35$$

元素 $a_{23}=2$ 的代数余子式

$$A_{23}=(-1)^{2+3}M_{23}=(-1)^{2+3}\begin{vmatrix}1&-1&0\\-2&7&-3\\5&0&4\end{vmatrix}=-35$$

考虑三阶行列式 $D=\begin{vmatrix}a_{11}&a_{12}&a_{13}\\a_{21}&a_{22}&a_{23}\\a_{31}&a_{32}&a_{33}\end{vmatrix}$，容易求得第 1 行各元素的代数余子式：

元素 a_{11} 的代数余子式

$$A_{11}=(-1)^{1+1}\begin{vmatrix}a_{22}&a_{23}\\a_{32}&a_{33}\end{vmatrix}=a_{22}a_{33}-a_{23}a_{32}$$

元素 a_{12} 的代数余子式

$$A_{12}=(-1)^{1+2}\begin{vmatrix}a_{21}&a_{23}\\a_{31}&a_{33}\end{vmatrix}=-(a_{21}a_{33}-a_{23}a_{31})=a_{23}a_{31}-a_{21}a_{33}$$

元素 a_{13} 的代数余子式

$$A_{13}=(-1)^{1+3}\begin{vmatrix}a_{21}&a_{22}\\a_{31}&a_{32}\end{vmatrix}=a_{21}a_{32}-a_{22}a_{31}$$

那么，三阶行列式 D 的值与这些代数余子式之间有什么关系？容易得到

$$\begin{aligned}D&=\begin{vmatrix}a_{11}&a_{12}&a_{13}\\a_{21}&a_{22}&a_{23}\\a_{31}&a_{32}&a_{33}\end{vmatrix}\\&=a_{11}a_{22}a_{33}+a_{12}a_{23}a_{31}+a_{13}a_{21}a_{32}-a_{13}a_{22}a_{31}-a_{12}a_{21}a_{33}-a_{11}a_{23}a_{32}\\&=a_{11}(a_{22}a_{33}-a_{23}a_{32})+a_{12}(a_{23}a_{31}-a_{21}a_{33})+a_{13}(a_{21}a_{32}-a_{22}a_{31})\\&=a_{11}A_{11}+a_{12}A_{12}+a_{13}A_{13}\end{aligned}$$

这说明三阶行列式 D 的值等于第 1 行各元素与其代数余子式乘积之和，称为三阶行列式 D 按第 1 行展开. 同理，经过类似推导，三阶行列式 D 可以按第 2 行或第 3 行展开，也可以按第 1 列或第 2 列或第 3 列展开. 总之，三阶行列式 D 等于任意一行（列）各元素与其代数余子式乘积之和.

从上面观察得到的结论，可以证明对于 n 阶行列式在一般情况下也是成立的，有下面的定理.

定理 1.2 n 阶行列式 D 等于它的任意一行（列）各元素与其代数余子式乘积之和，即

$$\begin{aligned}D&=\begin{vmatrix}a_{11}&a_{12}&\cdots&a_{1n}\\a_{21}&a_{22}&\cdots&a_{2n}\\\vdots&\vdots&&\vdots\\a_{n1}&a_{n2}&\cdots&a_{nn}\end{vmatrix}\\&=a_{11}A_{11}+a_{12}A_{12}+\cdots+a_{1n}A_{1n}=a_{21}A_{21}+a_{22}A_{22}+\cdots+a_{2n}A_{2n}\\&=\cdots=a_{n1}A_{n1}+a_{n2}A_{n2}+\cdots+a_{nn}A_{nn}\\&=a_{11}A_{11}+a_{21}A_{21}+\cdots+a_{n1}A_{n1}=a_{12}A_{12}+a_{22}A_{22}+\cdots+a_{n2}A_{n2}\\&=\cdots=a_{1n}A_{1n}+a_{2n}A_{2n}+\cdots+a_{nn}A_{nn}\end{aligned}$$

在计算 n 阶行列式时,虽然定理 1.2 给出了 $2n$ 个关系式,但只需选择应用其中一个关系式就可以得到所求 n 阶行列式的值.

例 2 已知四阶行列式 D 中第 2 行的元素自左向右依次为 4,3,2,1,它们的余子式分别为 5,6,7,8,求四阶行列式 D 的值.

解:根据行列式中元素 a_{ij} 的代数余子式 A_{ij} 与余子式 M_{ij} 之间的关系

$$A_{ij} = (-1)^{i+j}M_{ij}$$

容易得到四阶行列式 D 中第 2 行各元素的代数余子式.

元素 $a_{21} = 4$ 的余子式 $M_{21} = 5$,从而代数余子式为

$$A_{21} = (-1)^{2+1}M_{21} = (-1)^{2+1} \times 5 = -5$$

元素 $a_{22} = 3$ 的余子式 $M_{22} = 6$,从而代数余子式为

$$A_{22} = (-1)^{2+2}M_{22} = (-1)^{2+2} \times 6 = 6$$

元素 $a_{23} = 2$ 的余子式 $M_{23} = 7$,从而代数余子式为

$$A_{23} = (-1)^{2+3}M_{23} = (-1)^{2+3} \times 7 = -7$$

元素 $a_{24} = 1$ 的余子式 $M_{24} = 8$,从而代数余子式为

$$A_{24} = (-1)^{2+4}M_{24} = (-1)^{2+4} \times 8 = 8$$

所以四阶行列式 D 按第 2 行展开,它的值为

$$D = a_{21}A_{21} + a_{22}A_{22} + a_{23}A_{23} + a_{24}A_{24} = 4 \times (-5) + 3 \times 6 + 2 \times (-7) + 1 \times 8$$
$$= -8$$

在具体计算行列式时,注意到零元素与其代数余子式乘积等于零,这一项可以不必考虑,于是应该按零元素比较多的一行(列)展开,以减少计算量.

例 3 计算四阶行列式 $\begin{vmatrix} 7 & 0 & 4 & 0 \\ 1 & 0 & 5 & 2 \\ 3 & -1 & -1 & 6 \\ 8 & 0 & 5 & 0 \end{vmatrix}$.

解:四阶行列式

$$\begin{vmatrix} 7 & 0 & 4 & 0 \\ 1 & 0 & 5 & 2 \\ 3 & -1 & -1 & 6 \\ 8 & 0 & 5 & 0 \end{vmatrix}$$

(按第 2 列展开)

$$= 0 \times A_{12} + 0 \times A_{22} + (-1) \times A_{32} + 0 \times A_{42} = (-1) \times A_{32} = (-1) \times (-1)^{3+2}M_{32}$$

$$= (-1) \times (-1)^{3+2} \begin{vmatrix} 7 & 4 & 0 \\ 1 & 5 & 2 \\ 8 & 5 & 0 \end{vmatrix}$$

(按第 3 列展开)

$$= 0 \times A_{13} + 2 \times A_{23} + 0 \times A_{33} = 2 \times A_{23} = 2 \times (-1)^{2+3}M_{23} = 2 \times (-1)^{2+3} \begin{vmatrix} 7 & 4 \\ 8 & 5 \end{vmatrix}$$

$$= 2 \times (-3) = -6$$

例 4　计算四阶行列式$\begin{vmatrix} 1 & 2 & 0 & 0 \\ -1 & 2 & -2 & 3 \\ 2 & 0 & 4 & -6 \\ -3 & 0 & 0 & 5 \end{vmatrix}$.

解:四阶行列式

$$\begin{vmatrix} 1 & 2 & 0 & 0 \\ -1 & 2 & -2 & 3 \\ 2 & 0 & 4 & -6 \\ -3 & 0 & 0 & 5 \end{vmatrix}$$

(按第 1 行展开)

$$= 1 \times A_{11} + 2 \times A_{12} + 0 \times A_{13} + 0 \times A_{14} = 1 \times A_{11} + 2 \times A_{12}$$

$$= 1 \times (-1)^{1+1} M_{11} + 2 \times (-1)^{1+2} M_{12}$$

$$= 1 \times (-1)^{1+1} \begin{vmatrix} 2 & -2 & 3 \\ 0 & 4 & -6 \\ 0 & 0 & 5 \end{vmatrix} + 2 \times (-1)^{1+2} \begin{vmatrix} -1 & -2 & 3 \\ 2 & 4 & -6 \\ -3 & 0 & 5 \end{vmatrix}$$

(注意到余子式 M_{11} 为三角形行列式,其值等于主对角线上元素的乘积;余子式 M_{12} 中第 2 行与第 1 行的对应元素成比例,其值等于零)

$$= 40 + 0 = 40$$

一般地,若行列式中零元素较少时,可以先应用 §1.2 行列式的性质将行列式中某一行(列)的元素尽可能多的化为零,然后按这一行(列)展开,化为计算低一阶的行列式,如此继续下去,直至化为三角形行列式或二阶行列式,求得结果.当然,具体做法不是唯一的.

例 5　计算四阶行列式$\begin{vmatrix} 1 & 2 & 2 & 1 \\ 0 & 1 & 1 & 2 \\ 2 & 0 & 1 & 2 \\ 0 & 2 & 0 & 1 \end{vmatrix}$.

解:四阶行列式

$$\begin{vmatrix} 1 & 2 & 2 & 1 \\ 0 & 1 & 1 & 2 \\ 2 & 0 & 1 & 2 \\ 0 & 2 & 0 & 1 \end{vmatrix}$$

(第 1 行的 -2 倍加到第 3 行上去)

$$= \begin{vmatrix} 1 & 2 & 2 & 1 \\ 0 & 1 & 1 & 2 \\ 0 & -4 & -3 & 0 \\ 0 & 2 & 0 & 1 \end{vmatrix}$$

(按第 1 列展开)

$$= 1 \times (-1)^{1+1} \begin{vmatrix} 1 & 1 & 2 \\ -4 & -3 & 0 \\ 2 & 0 & 1 \end{vmatrix}$$

(第 3 行的 -2 倍加到第 1 行上去)

$$=\begin{vmatrix}-3 & 1 & 0\\ -4 & -3 & 0\\ 2 & 0 & 1\end{vmatrix}$$

(按第 3 列展开)

$$=1\times(-1)^{3+3}\begin{vmatrix}-3 & 1\\ -4 & -3\end{vmatrix}=13$$

对于元素为字母的情况,也同样可以应用行列式的展开与性质求解.

例 6 计算四阶行列式 $\begin{vmatrix}1+x & 1 & 1 & 1\\ 1 & 1-x & 1 & 1\\ 1 & 1 & 1+y & 1\\ 1 & 1 & 1 & 1-y\end{vmatrix}$.

解:四阶行列式

$$\begin{vmatrix}1+x & 1 & 1 & 1\\ 1 & 1-x & 1 & 1\\ 1 & 1 & 1+y & 1\\ 1 & 1 & 1 & 1-y\end{vmatrix}$$

(第 2 行的 -1 倍加到第 1 行上去)

$$=\begin{vmatrix}x & x & 0 & 0\\ 1 & 1-x & 1 & 1\\ 1 & 1 & 1+y & 1\\ 1 & 1 & 1 & 1-y\end{vmatrix}$$

(第 1 列的 -1 倍加到第 2 列上去)

$$=\begin{vmatrix}x & 0 & 0 & 0\\ 1 & -x & 1 & 1\\ 1 & 0 & 1+y & 1\\ 1 & 0 & 1 & 1-y\end{vmatrix}$$

(按第 1 行展开)

$$=x(-1)^{1+1}\begin{vmatrix}-x & 1 & 1\\ 0 & 1+y & 1\\ 0 & 1 & 1-y\end{vmatrix}$$

(按第 1 列展开)

$$=x(-x)(-1)^{1+1}\begin{vmatrix}1+y & 1\\ 1 & 1-y\end{vmatrix}=(-x^2)(-y^2)=x^2y^2$$

计算一些非常简单的 n 阶行列式,按某一行(列)展开,可以迅速得到结果.

例 7　计算 n 阶行列式 $\begin{vmatrix} 0 & 1 & 0 & \cdots & 0 \\ 0 & 0 & 1 & \cdots & 0 \\ \vdots & \vdots & \vdots & & \vdots \\ 0 & 0 & 0 & \cdots & 1 \\ 1 & 0 & 0 & \cdots & 0 \end{vmatrix}$.

解:计算这个 n 阶行列式有两种方法:第一种方法是依次交换第 1 列与第 2 列,交换第 2 列与第 3 列,…,交换第 $n-1$ 列与第 n 列,共交换 $n-1$ 次,化为主对角线上元素全为 1 的对角形行列式,根据行列式的性质,它的值等于$(-1)^{n-1}$;第二种方法是展开 n 阶行列式,有

$$\begin{vmatrix} 0 & 1 & 0 & \cdots & 0 \\ 0 & 0 & 1 & \cdots & 0 \\ \vdots & \vdots & \vdots & & \vdots \\ 0 & 0 & 0 & \cdots & 1 \\ 1 & 0 & 0 & \cdots & 0 \end{vmatrix}$$

(按第 n 行或第 1 列展开)

$$= 1 \times (-1)^{n+1} \begin{vmatrix} 1 & 0 & \cdots & 0 \\ 0 & 1 & \cdots & 0 \\ \vdots & \vdots & & \vdots \\ 0 & 0 & \cdots & 1 \end{vmatrix} = (-1)^{n+1}$$

注意到$(-1)^{n+1} = (-1)^{n-1}$,因而此题应用两种方法计算得到的结果是相同的.

例 8　计算 n 阶行列式 $\begin{vmatrix} a & b & 0 & \cdots & 0 & 0 \\ 0 & a & b & \cdots & 0 & 0 \\ \vdots & \vdots & \vdots & & \vdots & \vdots \\ 0 & 0 & 0 & \cdots & a & b \\ b & 0 & 0 & \cdots & 0 & a \end{vmatrix}$.

解:n 阶行列式

$$\begin{vmatrix} a & b & 0 & \cdots & 0 & 0 \\ 0 & a & b & \cdots & 0 & 0 \\ \vdots & \vdots & \vdots & & \vdots & \vdots \\ 0 & 0 & 0 & \cdots & a & b \\ b & 0 & 0 & \cdots & 0 & a \end{vmatrix}$$

(按第 1 列展开)

$$= a(-1)^{1+1} \begin{vmatrix} a & b & \cdots & 0 & 0 \\ \vdots & \vdots & & \vdots & \vdots \\ 0 & 0 & \cdots & a & b \\ 0 & 0 & \cdots & 0 & a \end{vmatrix} + b(-1)^{n+1} \begin{vmatrix} b & 0 & \cdots & 0 & 0 \\ a & b & \cdots & 0 & 0 \\ \vdots & \vdots & & \vdots & \vdots \\ 0 & 0 & \cdots & a & b \end{vmatrix}$$

(注意到第一个 $n-1$ 阶行列式为主对角线以下元素全为零的三角形行列式,第二个 $n-1$ 阶行列式为主对角线以上元素全为零的三角形行列式)

$$= a \cdot a^{n-1} + (-1)^{n+1} b \cdot b^{n-1} = a^n + (-1)^{n+1} b^n$$

另外,根据 §1.2 行列式性质的推论容易得到重要结论:n 阶行列式中任一行(列)元素与其他行(列)对应元素的代数余子式乘积之和一定等于零.

§1.4 克莱姆法则

行列式的一个重要应用就是解线性方程组.在 §1.1 中,对于由两个线性方程式构成的二元线性方程组

$$\begin{cases} a_{11}x_1 + a_{12}x_2 = b_1 \\ a_{21}x_1 + a_{22}x_2 = b_2 \end{cases}$$

用消元法求解,得到结论:当 $a_{11}a_{22} - a_{12}a_{21} \neq 0$ 时,此线性方程组有唯一解

$$\begin{cases} x_1 = \dfrac{a_{22}b_1 - a_{12}b_2}{a_{11}a_{22} - a_{12}a_{21}} \\ x_2 = \dfrac{a_{11}b_2 - a_{21}b_1}{a_{11}a_{22} - a_{12}a_{21}} \end{cases}$$

这个求解公式可以用行列式表示,以进一步揭示它的规律.引进记号

$$D = \begin{vmatrix} a_{11} & a_{12} \\ a_{21} & a_{22} \end{vmatrix} = a_{11}a_{22} - a_{12}a_{21}$$

$$D_1 = \begin{vmatrix} b_1 & a_{12} \\ b_2 & a_{22} \end{vmatrix} = a_{22}b_1 - a_{12}b_2$$

$$D_2 = \begin{vmatrix} a_{11} & b_1 \\ a_{21} & b_2 \end{vmatrix} = a_{11}b_2 - a_{21}b_1$$

其中行列式 D 是由线性方程组中未知量系数构成的行列式,称为系数行列式;行列式 D_1 是系数行列式 D 中第 1 列元素由线性方程组常数项对应替换后所得到的行列式;行列式 D_2 是系数行列式 D 中第 2 列元素由线性方程组常数项对应替换后所得到的行列式.于是上面的结论可以表达为:当系数行列式 $D \neq 0$ 时,此线性方程组有唯一解

$$\begin{cases} x_1 = \dfrac{D_1}{D} \\ x_2 = \dfrac{D_2}{D} \end{cases}$$

一般地,对于由 n 个线性方程式构成的 n 元线性方程组,有克莱姆(Cramer)法则.

克莱姆法则 已知由 n 个线性方程式构成的 n 元线性方程组

$$\begin{cases} a_{11}x_1 + a_{12}x_2 + \cdots + a_{1n}x_n = b_1 \\ a_{21}x_1 + a_{22}x_2 + \cdots + a_{2n}x_n = b_2 \\ \qquad \cdots \qquad\qquad \cdots \\ a_{n1}x_1 + a_{n2}x_2 + \cdots + a_{nn}x_n = b_n \end{cases}$$

由未知量系数构成的行列式称为系数行列式,记作 D,即

$$D=\begin{vmatrix} a_{11} & a_{12} & \cdots & a_{1n} \\ a_{21} & a_{22} & \cdots & a_{2n} \\ \vdots & \vdots & & \vdots \\ a_{n1} & a_{n2} & \cdots & a_{nn} \end{vmatrix}$$

在系数行列式 D 中第 1 列元素，第 2 列元素，…，第 n 列元素分别用线性方程组常数项对应替换后所得到的行列式，分别记作 $D_1, D_2, \cdots, D_n$，即

$$D_1=\begin{vmatrix} b_1 & a_{12} & \cdots & a_{1n} \\ b_2 & a_{22} & \cdots & a_{2n} \\ \vdots & \vdots & & \vdots \\ b_n & a_{n2} & \cdots & a_{nn} \end{vmatrix}$$

$$D_2=\begin{vmatrix} a_{11} & b_1 & \cdots & a_{1n} \\ a_{21} & b_2 & \cdots & a_{2n} \\ \vdots & \vdots & & \vdots \\ a_{n1} & b_n & \cdots & a_{nn} \end{vmatrix}$$

$$\cdots \quad \cdots$$

$$D_n=\begin{vmatrix} a_{11} & a_{12} & \cdots & b_1 \\ a_{21} & a_{22} & \cdots & b_2 \\ \vdots & \vdots & & \vdots \\ a_{n1} & a_{n2} & \cdots & b_n \end{vmatrix}$$

那么：

(1) 如果系数行列式 $D \neq 0$，则此线性方程组有唯一解

$$\begin{cases} x_1 = \dfrac{D_1}{D} \\ x_2 = \dfrac{D_2}{D} \\ \quad \cdots \\ x_n = \dfrac{D_n}{D} \end{cases}$$

(2) 如果系数行列式 $D = 0$，则此线性方程组无唯一解即有无穷多解或无解.

例 1　已知线性方程组

$$\begin{cases} x_1 + 2x_2 = 5 \\ 3x_1 + 4x_2 = 9 \end{cases}$$

(1) 判别有无唯一解；

(2) 若有唯一解，则求唯一解.

解：(1) 计算系数行列式

$$D=\begin{vmatrix} 1 & 2 \\ 3 & 4 \end{vmatrix} = -2 \neq 0$$

所以此线性方程组有唯一解.

(2) 再计算行列式

$$D_1=\begin{vmatrix}5&2\\9&4\end{vmatrix}=2$$

$$D_2=\begin{vmatrix}1&5\\3&9\end{vmatrix}=-6$$

所以此线性方程组的唯一解为

$$\begin{cases}x_1=\dfrac{D_1}{D}=\dfrac{2}{-2}=-1\\ x_2=\dfrac{D_2}{D}=\dfrac{-6}{-2}=3\end{cases}$$

例 2 已知线性方程组

$$\begin{cases}x_1-2x_2+x_3=-2\\ -3x_1+x_2+2x_3=1\\ x_1-x_2+x_3=0\end{cases}$$

(1) 判别有无唯一解;

(2) 若有唯一解,则求唯一解.

解:(1) 计算系数行列式

$$D=\begin{vmatrix}1&-2&1\\-3&1&2\\1&-1&1\end{vmatrix}=1+(-4)+3-1-6-(-2)=-5\neq 0$$

所以此线性方程组有唯一解.

(2) 再计算行列式

$$D_1=\begin{vmatrix}-2&-2&1\\1&1&2\\0&-1&1\end{vmatrix}=(-2)+0+(-1)-0-(-2)-4=-5$$

$$D_2=\begin{vmatrix}1&-2&1\\-3&1&2\\1&0&1\end{vmatrix}=1+(-4)+0-1-6-0=-10$$

$$D_3=\begin{vmatrix}1&-2&-2\\-3&1&1\\1&-1&0\end{vmatrix}=0+(-2)+(-6)-(-2)-0-(-1)=-5$$

所以此线性方程组的唯一解为

$$\begin{cases}x_1=\dfrac{D_1}{D}=\dfrac{-5}{-5}=1\\ x_2=\dfrac{D_2}{D}=\dfrac{-10}{-5}=2\\ x_3=\dfrac{D_3}{D}=\dfrac{-5}{-5}=1\end{cases}$$

值得注意的是:对于线性方程组的解,应该进行验算,判别是否有误.例1与例2中,所求得的解代回线性方程组后,使得等式成立,说明所求得的解正确无误.

在应用克莱姆法则解由 n 个线性方程式构成的 n 元线性方程组时,若有唯一解,则需要计算 $n+1$ 个 n 阶行列式,计算量还是很大的,在第三章中将给出解线性方程组的更一般的方法.

例 3　已知线性方程组

$$\begin{cases} x_1-2x_2+4x_3-x_4=3 \\ 3x_1-7x_2+6x_3+x_4=5 \\ -x_1+x_2-10x_3+5x_4=-7 \\ 4x_1-11x_2-2x_3+8x_4=0 \end{cases}$$

(1) 判别有无唯一解;

(2) 若有唯一解,则求唯一解.

解:(1) 计算系数行列式

$$D=\begin{vmatrix} 1 & -2 & 4 & -1 \\ 3 & -7 & 6 & 1 \\ -1 & 1 & -10 & 5 \\ 4 & -11 & -2 & 8 \end{vmatrix}$$

(第1行的-3倍加到第2行上去,第1行加到第3行上去,第1行的-4倍加到第4行上去)

$$=\begin{vmatrix} 1 & -2 & 4 & -1 \\ 0 & -1 & -6 & 4 \\ 0 & -1 & -6 & 4 \\ 0 & -3 & -18 & 12 \end{vmatrix}$$

(注意到第3行与第2行的对应元素相同)

$$=0$$

所以此线性方程组无唯一解.

例 4　已知线性方程组

$$\begin{cases} 2x_1-x_2+3x_3=1 \\ 4x_1-2x_2+5x_3=4 \\ 2x_1-x_2+4x_3=0 \end{cases}$$

(1) 判别有无唯一解;

(2) 若有唯一解,则求唯一解.

解:(1) 计算系数行列式

$$D=\begin{vmatrix} 2 & -1 & 3 \\ 4 & -2 & 5 \\ 2 & -1 & 4 \end{vmatrix}$$

(注意到第2列与第1列的对应元素成比例)

$$=0$$

所以此线性方程组无唯一解.

对于例 3 与例 4 给出的线性方程组，现在仅能判别其无唯一解，至于是有无穷多解还是无解；若有无穷多解，则如何求它的一般表达式，都将在 §3.1 得到解决.

常数项为零的线性方程式称为齐次线性方程式，对于齐次线性方程组，显然所有未知量取值皆为零是它的一组解，这组解称为零解. 此外，若未知量的一组不全为零取值也是它的解，则称这样的解为非零解. 齐次线性方程组一定有零解，也可能有非零解. 对于由 n 个齐次线性方程式构成的 n 元齐次线性方程组，根据克莱姆法则，如果系数行列式 $D \neq 0$，则有唯一解，意味着仅有零解，说明无非零解；那么，在什么条件下，它一定有非零解，可以证明下面的定理.

定理 1.3 已知由 n 个齐次线性方程式构成的 n 元齐次线性方程组

$$\begin{cases} a_{11}x_1 + a_{12}x_2 + \cdots + a_{1n}x_n = 0 \\ a_{21}x_1 + a_{22}x_2 + \cdots + a_{2n}x_n = 0 \\ \qquad \cdots \qquad\qquad \cdots \\ a_{n1}x_1 + a_{n2}x_2 + \cdots + a_{nn}x_n = 0 \end{cases}$$

那么：

(1) 如果系数行列式 $D = 0$，则此齐次线性方程组有非零解；

(2) 如果此齐次线性方程组有非零解，则系数行列式 $D = 0$.

定理 1.3 说明此齐次线性方程组有非零解等价于系数行列式 $D = 0$. 在齐次线性方程组有非零解的情况下，如何求非零解，将在 §3.2 得到解决.

例 5 已知齐次线性方程组

$$\begin{cases} \qquad\ x_2 + \ x_3 + 2x_4 = 0 \\ x_1 \qquad\ + 2x_3 + \ x_4 = 0 \\ x_1 + 2x_2 \qquad\ + \ x_4 = 0 \\ 2x_1 + \ x_2 + \ x_3 \qquad\ = 0 \end{cases}$$

判别有无非零解.

解：计算系数行列式

$$D = \begin{vmatrix} 0 & 1 & 1 & 2 \\ 1 & 0 & 2 & 1 \\ 1 & 2 & 0 & 1 \\ 2 & 1 & 1 & 0 \end{vmatrix}$$

(第 1 行加到第 4 行上去，第 2 行加到第 3 行上去)

$$= \begin{vmatrix} 0 & 1 & 1 & 2 \\ 1 & 0 & 2 & 1 \\ 2 & 2 & 2 & 2 \\ 2 & 2 & 2 & 2 \end{vmatrix}$$

(注意到第 4 行与第 3 行的对应元素相同)

$$= 0$$

所以此齐次线性方程组有非零解.

例 6　已知齐次线性方程组

$$\begin{cases} kx+y+z=0 \\ x+ky+z=0 \\ x+y+kz=0 \end{cases}$$

有非零解，求系数 k 的值.

解：计算系数行列式

$$D=\begin{vmatrix} k & 1 & 1 \\ 1 & k & 1 \\ 1 & 1 & k \end{vmatrix}$$

（第 2 行与第 3 行皆加到第 1 行上去）

$$=\begin{vmatrix} k+2 & k+2 & k+2 \\ 1 & k & 1 \\ 1 & 1 & k \end{vmatrix}$$

（第 1 行的公因子 $k+2$ 提到行列式外面）

$$=(k+2)\begin{vmatrix} 1 & 1 & 1 \\ 1 & k & 1 \\ 1 & 1 & k \end{vmatrix}$$

（第 1 行的 -1 倍分别加到第 2 行与第 3 行上去）

$$=(k+2)\begin{vmatrix} 1 & 1 & 1 \\ 0 & k-1 & 0 \\ 0 & 0 & k-1 \end{vmatrix}=(k+2)(k-1)^2$$

由于此齐次线性方程组有非零解，因而系数行列式 $D=0$，即 $(k+2)(k-1)^2=0$，所以系数

$$k=-2 \text{ 或 } k=1$$

习题一

1.01　计算下列二阶行列式：

(1) $\begin{vmatrix} 2 & 1 \\ 5 & 3 \end{vmatrix}$　　(2) $\begin{vmatrix} a & -b \\ b & a \end{vmatrix}$

1.02　计算下列三阶行列式：

(1) $\begin{vmatrix} 1 & 2 & 3 \\ 3 & 1 & 2 \\ 2 & 3 & 1 \end{vmatrix}$　　(2) $\begin{vmatrix} 1 & 1 & 1 \\ 1 & 2 & 3 \\ 0 & 1 & 2 \end{vmatrix}$

(3) $\begin{vmatrix} 0 & a & b \\ -a & 0 & -c \\ -b & c & 0 \end{vmatrix}$　　(4) $\begin{vmatrix} 0 & 0 & x \\ 0 & y & z \\ z & x & y \end{vmatrix}$

1.03　已知三阶行列式 $\begin{vmatrix} a_1 & b_1 & c_1 \\ a_2 & b_2 & c_2 \\ a_3 & b_3 & c_3 \end{vmatrix}=-2$,求下列三阶行列式的值:

(1) $\begin{vmatrix} c_1 & b_1 & a_1 \\ c_2 & b_2 & a_2 \\ c_3 & b_3 & a_3 \end{vmatrix}$　　(2) $\begin{vmatrix} c_1 & a_1 & b_1 \\ c_2 & a_2 & b_2 \\ c_3 & a_3 & b_3 \end{vmatrix}$

(3) $\begin{vmatrix} a_1 & 2b_1 & c_1 \\ a_2 & 2b_2 & c_2 \\ a_3 & 2b_3 & c_3 \end{vmatrix}$　　(4) $\begin{vmatrix} 2a_1 & 2b_1 & 2c_1 \\ 2a_2 & 2b_2 & 2c_2 \\ 2a_3 & 2b_3 & 2c_3 \end{vmatrix}$

1.04　已知三阶行列式 $\begin{vmatrix} a_{11} & a_{12} & a_{13} \\ a_{21} & a_{22} & a_{23} \\ a_{31} & a_{32} & a_{33} \end{vmatrix}=10$,求三阶行列式

$$\begin{vmatrix} 2a_{11} & a_{12} & 3a_{11}-4a_{13} \\ 2a_{21} & a_{22} & 3a_{21}-4a_{23} \\ 2a_{31} & a_{32} & 3a_{31}-4a_{33} \end{vmatrix}$$

的值.

1.05　计算下列四阶行列式:

(1) $\begin{vmatrix} 0 & 1 & 0 & 1 \\ 0 & 0 & 1 & 1 \\ 0 & 0 & 0 & 1 \\ 1 & 0 & 0 & 1 \end{vmatrix}$　　(2) $\begin{vmatrix} 1 & 1 & 1 & 1 \\ -1 & 1 & 1 & 1 \\ -1 & -1 & 1 & 1 \\ -1 & -1 & -1 & 1 \end{vmatrix}$

(3) $\begin{vmatrix} 1 & 2 & 3 & 0 \\ 0 & 1 & 2 & 3 \\ 3 & 0 & 1 & 2 \\ 2 & 3 & 0 & 1 \end{vmatrix}$　　(4) $\begin{vmatrix} 1 & 1 & 1 & 1 \\ 1 & 2 & 3 & 4 \\ 1 & 3 & 6 & 10 \\ 1 & 4 & 10 & 20 \end{vmatrix}$

1.06　计算下列四阶行列式:

(1) $\begin{vmatrix} 1 & 2 & 2 & 2 \\ 1 & x & 0 & 0 \\ 1 & 2 & x & 0 \\ 1 & 2 & 2 & x \end{vmatrix}$　　(2) $\begin{vmatrix} 1 & 1 & 1 & 1 \\ a & x & b & c \\ b & b & x & c \\ c & c & c & x \end{vmatrix}$

1.07　计算下列四阶行列式:

(1) $\begin{vmatrix} -1 & 0 & 0 & 1 \\ x & -1 & 0 & 0 \\ 0 & x & -1 & 0 \\ 0 & 0 & x & -1 \end{vmatrix}$　　(2) $\begin{vmatrix} a & 1 & 1 & 1 \\ 1 & a & 1 & 1 \\ 1 & 1 & a & 1 \\ 1 & 1 & 1 & a \end{vmatrix}$

1.08　已知三阶行列式

$$D=\begin{vmatrix}-1 & 2 & 3\\ 3 & 1 & -2\\ 2 & -3 & 1\end{vmatrix}$$

求元素 $a_{32}=-3$ 的代数余子式 A_{32}.

1.09　已知五阶行列式 D 中第 3 列的元素自上向下依次为 1,2,3,4,5,它们的余子式分别为 5,4,3,2,1,求五阶行列式 D 的值.

1.10　计算下列四阶行列式:

(1) $\begin{vmatrix}1 & 3 & -5 & 6\\ 2 & 0 & 4 & 1\\ 3 & 0 & 2 & 0\\ -4 & 0 & 1 & 0\end{vmatrix}$　　(2) $\begin{vmatrix}1 & 2 & -1 & 2\\ -1 & 1 & 2 & 3\\ 0 & 0 & 1 & 2\\ 0 & 0 & -2 & 1\end{vmatrix}$

(3) $\begin{vmatrix}0 & 1 & 2 & -1\\ -1 & 0 & 1 & 2\\ 2 & -1 & 0 & 1\\ 1 & 2 & -1 & 0\end{vmatrix}$　　(4) $\begin{vmatrix}3 & -1 & 0 & 1\\ -1 & 3 & 1 & 0\\ 0 & 1 & 3 & -1\\ 1 & 0 & -1 & 3\end{vmatrix}$

1.11　计算下列四阶行列式:

(1) $\begin{vmatrix}a & b & 0 & 0\\ 0 & a & b & 0\\ 0 & 0 & a & b\\ b & 0 & 0 & a\end{vmatrix}$　　(2) $\begin{vmatrix}a & 0 & 0 & b\\ 0 & a & b & 0\\ 0 & b & a & 0\\ b & 0 & 0 & a\end{vmatrix}$

1.12　计算下列四阶行列式:

(1) $\begin{vmatrix}1 & 1 & 1 & 1\\ 1 & x+1 & 2 & 1\\ 1 & 1 & x+1 & 2\\ 1 & 2 & 1 & x+1\end{vmatrix}$　　(2) $\begin{vmatrix}x & 1 & 1 & 1\\ 1 & x & 1 & 1\\ -1 & 1 & y & 1\\ -1 & 1 & 1 & y\end{vmatrix}$

1.13　已知线性方程组

$$\begin{cases}3x+5y=21\\ 2x-y=1\end{cases}$$

(1) 判别有无唯一解;

(2) 若有唯一解,则求唯一解.

1.14　已知线性方程组

$$\begin{cases}x_1+x_2-2x_3=-3\\ 2x_1+x_2-x_3=1\\ x_1-x_2+3x_3=8\end{cases}$$

(1) 判别有无唯一解;

(2) 若有唯一解,则求唯一解.

1.15 已知齐次线性方程组

$$\begin{cases} x_1+2x_2+3x_3-x_4=0 \\ 3x_1+2x_2+x_3+x_4=0 \\ 5x_1+5x_2+2x_3=0 \\ 2x_1+3x_2+x_3-x_4=0 \end{cases}$$

判别有无非零解.

1.16 已知齐次线性方程组

$$\begin{cases} kx+y+z=0 \\ x+ky-z=0 \\ 2x-y+z=0 \end{cases}$$

有非零解,求系数 k 的值.

1.17 填空题

(1) 三阶行列式 $\begin{vmatrix} 0 & a & 0 \\ b & 0 & c \\ 0 & d & 0 \end{vmatrix} =$ ______.

(2) 已知 n 阶行列式 $D=-5$,则转置行列式 $D^{\mathrm{T}}=$ ______.

(3) 四阶行列式 $\begin{vmatrix} -1 & 0 & 0 & 0 \\ -1 & -1 & 0 & 0 \\ -1 & -1 & -1 & 0 \\ -1 & -1 & -1 & -1 \end{vmatrix} =$ ______.

(4) 四阶行列式 $\begin{vmatrix} 0 & 0 & 1 & 0 \\ 0 & 1 & 0 & 0 \\ 1 & 0 & 0 & 0 \\ 0 & 0 & 0 & 1 \end{vmatrix} =$ ______.

(5) 四阶行列式 $\begin{vmatrix} a & b & c & d \\ -a & b & c & d \\ -a & -b & c & d \\ -a & -b & -c & d \end{vmatrix} =$ ______.

(6) 已知三阶行列式 $D=\begin{vmatrix} 1 & 2 & 3 \\ 3 & 1 & 2 \\ 2 & 3 & 1 \end{vmatrix}$,则元素 $a_{31}=2$ 的代数余子式 $A_{31}=$ ______.

(7) 已知三阶行列式 D 中第 1 行的元素自左向右依次为 $-1,1,2$,它们的代数余子式分别为 $3,4,-5$,则三阶行列式 $D=$ ______.

(8) 四阶行列式 $\begin{vmatrix} 1 & 2 & 0 & 0 \\ 0 & 1 & 2 & 0 \\ 0 & 0 & 1 & 2 \\ 2 & 0 & 0 & 1 \end{vmatrix} =$ ______.

1.18　单项选择题

(1) 若三阶行列式 $\begin{vmatrix} x_1 & x_2 & x_3 \\ y_1 & y_2 & y_3 \\ z_1 & z_2 & z_3 \end{vmatrix}=-1$，则三阶行列式

$$\begin{vmatrix} -2x_1 & -2x_2 & -2x_3 \\ -2y_1 & -2y_2 & -2y_3 \\ -2z_1 & -2z_2 & -2z_3 \end{vmatrix}=(\quad)$$

(a) -8　　(b) 8

(c) -2　　(d) 2

(2) 若三阶行列式 $\begin{vmatrix} a_{11} & a_{12} & a_{13} \\ a_{21} & a_{22} & a_{23} \\ a_{31} & a_{32} & a_{33} \end{vmatrix}=1$，则三阶行列式

$$\begin{vmatrix} 4a_{11} & 5a_{11}+3a_{12} & a_{13} \\ 4a_{21} & 5a_{21}+3a_{22} & a_{23} \\ 4a_{31} & 5a_{31}+3a_{32} & a_{33} \end{vmatrix}=(\quad)$$

(a) 12　　(b) 15

(c) 20　　(d) 60

(3) 若三阶行列式 $\begin{vmatrix} a_1 & a_2 & a_3 \\ 2b_1-a_1 & 2b_2-a_2 & 2b_3-a_3 \\ c_1 & c_2 & c_3 \end{vmatrix}=6$，则三阶行列式

$$D=\begin{vmatrix} a_1 & a_2 & a_3 \\ b_1 & b_2 & b_3 \\ c_1 & c_2 & c_3 \end{vmatrix}=(\quad)$$

(a) -6　　(b) 6

(c) -3　　(d) 3

(4) 若四阶行列式 $\begin{vmatrix} 0 & 0 & 0 & 1 \\ x & 0 & 0 & -1 \\ 0 & 2 & 0 & -1 \\ 0 & 0 & 1 & -1 \end{vmatrix}=1$，则元素 $x=(\quad)$.

(a) -2　　(b) 2

(c) $-\dfrac{1}{2}$　　(d) $\dfrac{1}{2}$

(5) 若四阶行列式 D 中第 4 行的元素自左向右依次为 1,2,0,0，余子式 $M_{41}=2$，$M_{42}=3$，则四阶行列式 $D=(\quad)$.

(a) -8　　(b) 8

(c) -4　　(d) 4

(6) 四阶行列式 $\begin{vmatrix} a & b & 0 & 0 \\ b & 0 & 0 & 0 \\ 0 & 0 & c & 0 \\ 0 & 0 & d & c \end{vmatrix} =$ (　　).

(a) $-abcd$　　(b) $abcd$

(c) $-b^2c^2$　　(d) b^2c^2

(7) 四阶行列式 $\begin{vmatrix} 2 & 0 & 0 & 1 \\ 0 & 2 & 1 & 0 \\ 0 & 1 & 2 & 0 \\ 1 & 0 & 0 & 2 \end{vmatrix} =$ (　　).

(a) -15　　(b) 15

(c) -9　　(d) 9

(8) 当系数(　　)时,齐次线性方程组

$$\begin{cases} 3x+2y & =0 \\ 2x-3y & =0 \\ 2x-y+\lambda z & =0 \end{cases}$$

仅有零解.

(a) $\lambda \neq 0$　　(b) $\lambda \neq 1$

(c) $\lambda \neq 2$　　(d) $\lambda \neq 3$

第二章

矩阵与向量

§2.1　矩阵的概念与基本运算

考虑由两个线性方程式构成的二元线性方程组

$$\begin{cases} a_{11}x_1 + a_{12}x_2 = b_1 \\ a_{21}x_1 + a_{22}x_2 = b_2 \end{cases}$$

其解的情况取决于未知量系数与常数项，因此将它们按照顺序组成一个矩形表

$$\begin{pmatrix} a_{11} & a_{12} & b_1 \\ a_{21} & a_{22} & b_2 \end{pmatrix}$$

进行研究．一般地，引进矩阵的概念．

定义 2.1　将 $m \times n$ 个数 $a_{ij}(i = 1,2,\cdots,m;j = 1,2,\cdots,n)$ 组成一个 m 行 n 列的矩形表，称为 m 行 n 列矩阵，记作

$$\boldsymbol{A} = \begin{pmatrix} a_{11} & a_{12} & \cdots & a_{1n} \\ a_{21} & a_{22} & \cdots & a_{2n} \\ \vdots & \vdots & & \vdots \\ a_{m1} & a_{m2} & \cdots & a_{mn} \end{pmatrix}$$

通常用大写黑体英文字母表示矩阵，矩阵 $\boldsymbol{A}$ 也可以记作 $\boldsymbol{A}_{m\times n}$ 或 $(a_{ij})_{m\times n}$ 以标明行数 m 与列数 n，其中 a_{ij} 称为矩阵 $\boldsymbol{A}$ 第 i 行第 j 列的元素．

特别地，由一个元素 a_{11} 组成的矩阵 $\boldsymbol{A}$ 称为 1 行 1 列矩阵，记作 $\boldsymbol{A} = (a_{11})$．

只有一列的矩阵称为列矩阵，也称为列向量；只有一行的矩阵称为行矩阵，也称为行向量．列向量与行向量统称为向量，通常用小写黑体希腊字母表示向量．

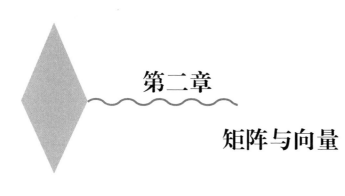

所有元素皆为零的矩阵称为零矩阵,记作 $\boldsymbol{O}$ 或 $\boldsymbol{O}_{m\times n}$;至少有一个元素不为零的矩阵称为非零矩阵,非零矩阵 $\boldsymbol{A}$ 记作 $\boldsymbol{A}\neq\boldsymbol{O}$.

定义 2.2 已知矩阵 $\boldsymbol{A},\boldsymbol{B}$,它们的行数相同且列数也相同,若对应元素皆相等,则称矩阵 $\boldsymbol{A}$ 等于矩阵 $\boldsymbol{B}$,记作

$$\boldsymbol{A}=\boldsymbol{B}$$

若矩阵 $\boldsymbol{A}=(a_{ij})$ 的行数与列数都等于 n,即

$$\boldsymbol{A}=\begin{pmatrix} a_{11} & a_{12} & \cdots & a_{1n} \\ a_{21} & a_{22} & \cdots & a_{2n} \\ \vdots & \vdots & & \vdots \\ a_{n1} & a_{n2} & \cdots & a_{nn} \end{pmatrix}$$

则称它为 n 阶方阵或 n 阶矩阵. n 阶方阵共有 n^2 个元素,它们排成 n 行 n 列,从左上角到右下角的对角线称为主对角线,从右上角到左下角的对角线称为次对角线. 应该注意的是:n 阶方阵与 n 阶行列式是两个不同的概念,n 阶方阵是由 n^2 个元素组成的 n 行 n 列的正方形表,而 n 阶行列式是代表由 n^2 个元素根据行列式运算法则计算得到的一个数值. 如将构成三阶方阵

$$\begin{pmatrix} 1 & 0 & 0 \\ 1 & 2 & 0 \\ 1 & 2 & 3 \end{pmatrix}$$

的 9 个元素按照原来的顺序作一个三阶行列式则为

$$\begin{vmatrix} 1 & 0 & 0 \\ 1 & 2 & 0 \\ 1 & 2 & 3 \end{vmatrix}=6$$

说明方阵与行列式是不同的概念.

在 n 阶方阵中,若主对角线上元素皆为 1,其余元素皆为零,则称这样的方阵为单位矩阵,记作 $\boldsymbol{I}$ 或 $\boldsymbol{I}_n$,即

$$\boldsymbol{I}=\begin{pmatrix} 1 & 0 & \cdots & 0 \\ 0 & 1 & \cdots & 0 \\ \vdots & \vdots & & \vdots \\ 0 & 0 & \cdots & 1 \end{pmatrix}$$

由于对矩阵定义了一些有理论意义与实际意义的基本运算,才使得矩阵成为进行理论研究与解决实际问题的有力数学工具. 矩阵的基本运算包括下列四种运算.

1. 矩阵与矩阵的加、减法

定义 2.3 已知 m 行 n 列矩阵 $\boldsymbol{A}=(a_{ij})_{m\times n}$ 与 $\boldsymbol{B}=(b_{ij})_{m\times n}$,将对应元素相加、减,所得到的 m 行 n 列矩阵称为矩阵 $\boldsymbol{A}$ 与 $\boldsymbol{B}$ 的和、差,记作

$$\boldsymbol{A}\pm\boldsymbol{B}=(a_{ij}\pm b_{ij})_{m\times n}$$

值得注意的是:只有行数相同且列数也相同的两个矩阵才能相加、减. 容易知道,矩阵与矩阵的加、减法同数与数的加、减法在运算规律上是完全一致的.

例 1 已知矩阵 $\boldsymbol{A}=\begin{pmatrix} 1 & 3 \\ 2 & 0 \\ -1 & 0 \end{pmatrix}$,$\boldsymbol{B}=\begin{pmatrix} -5 & 4 \\ 3 & -1 \\ 1 & 6 \end{pmatrix}$,求和 $\boldsymbol{A}+\boldsymbol{B}$.

解:和

$$A+B=\begin{pmatrix}1&3\\2&0\\-1&0\end{pmatrix}+\begin{pmatrix}-5&4\\3&-1\\1&6\end{pmatrix}=\begin{pmatrix}-4&7\\5&-1\\0&6\end{pmatrix}$$

2. 数与矩阵的乘法

定义 2.4　已知数 k 与 m 行 n 列矩阵 $A=(a_{ij})_{m\times n}$,将数 k 乘矩阵 A 的每个元素,所得到的 m 行 n 列矩阵称为数 k 与矩阵 A 的积,记作

$$kA=(ka_{ij})_{m\times n}$$

容易知道,数与矩阵的乘法同数与数的乘法在运算规律上是完全一致的.

例 2　填空题

已知矩阵 $A=\begin{pmatrix}1&2\\3&4\end{pmatrix}$,则积 $2A=$ ______.

解:积

$$2A=2\begin{pmatrix}1&2\\3&4\end{pmatrix}=\begin{pmatrix}2&4\\6&8\end{pmatrix}$$

于是应将"$\begin{pmatrix}2&4\\6&8\end{pmatrix}$"直接填在空内.

应该注意的是:数与方阵的乘法不要与 §1.2 行列式性质 2 混淆. 对于方阵有

$$\begin{pmatrix}2&4\\6&8\end{pmatrix}=2\begin{pmatrix}1&2\\3&4\end{pmatrix}$$

而对于行列式则有

$$\begin{vmatrix}2&4\\6&8\end{vmatrix}=2^2\begin{vmatrix}1&2\\3&4\end{vmatrix}\neq 2\begin{vmatrix}1&2\\3&4\end{vmatrix}$$

例 3　已知矩阵 $A=\begin{pmatrix}2&2&-6&4\\4&0&0&-2\end{pmatrix}$,$B=\begin{pmatrix}7&0&5&-1\\6&4&1&0\end{pmatrix}$,若矩阵 X 满足关系式

$$2X-A=4B$$

求矩阵 X.

解:从关系式 $2X-A=4B$ 得到矩阵

$$X=\frac{1}{2}A+2B=\frac{1}{2}\begin{pmatrix}2&2&-6&4\\4&0&0&-2\end{pmatrix}+2\begin{pmatrix}7&0&5&-1\\6&4&1&0\end{pmatrix}$$

$$=\begin{pmatrix}1&1&-3&2\\2&0&0&-1\end{pmatrix}+\begin{pmatrix}14&0&10&-2\\12&8&2&0\end{pmatrix}=\begin{pmatrix}15&1&7&0\\14&8&2&-1\end{pmatrix}$$

3. 矩阵与矩阵的乘法

定义 2.5　已知 m 行 l 列矩阵 $A=(a_{ij})_{m\times l}$ 与 l 行 n 列矩阵 $B=(b_{ij})_{l\times n}$,将矩阵 A 的第 i 行元素与矩阵 B 的第 j 列对应元素乘积之和作为一个矩阵第 i 行第 j 列的元素($i=1,2,\cdots,m$;$j=1,2,\cdots,n$),所得到的这个 m 行 n 列矩阵称为矩阵 A 与 B 的积,记作

$$AB=(a_{i1}b_{1j}+a_{i2}b_{2j}+\cdots+a_{il}b_{lj})_{m\times n}$$

值得注意的是:只有矩阵 $\boldsymbol{A}$ 的列数等于矩阵 $\boldsymbol{B}$ 的行数,积 $\boldsymbol{AB}$ 才有意义,积 $\boldsymbol{AB}$ 第 i 行第 j 列的元素等于矩阵 $\boldsymbol{A}$ 的第 i 行元素与矩阵 $\boldsymbol{B}$ 的第 j 列对应元素乘积之和. 积 $\boldsymbol{AB}$ 的行数等于矩阵 $\boldsymbol{A}$ 的行数,积 $\boldsymbol{AB}$ 的列数等于矩阵 $\boldsymbol{B}$ 的列数,即

$$\boldsymbol{A}_{m\times l}\boldsymbol{B}_{l\times n}=(\boldsymbol{AB})_{m\times n}$$

例 4 已知矩阵 $\boldsymbol{A}=\begin{pmatrix}1 & 2 & 0\\ -1 & 3 & -2\end{pmatrix}$,$\boldsymbol{B}=\begin{pmatrix}1 & 2 & -3 & 0\\ -1 & 3 & 0 & 7\\ 0 & 4 & 5 & 6\end{pmatrix}$,求:

(1) 积 $\boldsymbol{AB}$ 有无意义?

(2) 若有意义,积 $\boldsymbol{C}=\boldsymbol{AB}$ 为几行几列矩阵?

(3) 若有意义,积 $\boldsymbol{C}=\boldsymbol{AB}$ 第 1 行第 2 列的元素 c_{12} 等于多少?

(4) 若有意义,积 $\boldsymbol{C}=\boldsymbol{AB}$ 第 2 行第 1 列的元素 c_{21} 等于多少?

解:(1) 容易看出,矩阵 $\boldsymbol{A}$ 为 2 行 3 列矩阵,矩阵 $\boldsymbol{B}$ 为 3 行 4 列矩阵. 由于矩阵 $\boldsymbol{A}$ 的列数等于矩阵 $\boldsymbol{B}$ 的行数,所以积 $\boldsymbol{AB}$ 有意义.

(2) 根据积 $\boldsymbol{AB}$ 的行数等于矩阵 $\boldsymbol{A}$ 的行数,积 $\boldsymbol{AB}$ 的列数等于矩阵 $\boldsymbol{B}$ 的列数,于是积 $\boldsymbol{C}=\boldsymbol{AB}$ 为 2 行 4 列矩阵.

(3) 积 $\boldsymbol{C}=\boldsymbol{AB}$ 第 1 行第 2 列的元素 c_{12} 等于矩阵 $\boldsymbol{A}$ 的第 1 行元素与矩阵 $\boldsymbol{B}$ 的第 2 列对应元素乘积之和,即

$$c_{12}=1\times 2+2\times 3+0\times 4=8$$

(4) 积 $\boldsymbol{C}=\boldsymbol{AB}$ 第 2 行第 1 列的元素 c_{21} 等于矩阵 $\boldsymbol{A}$ 的第 2 行元素与矩阵 $\boldsymbol{B}$ 的第 1 列对应元素乘积之和,即

$$c_{21}=(-1)\times 1+3\times(-1)+(-2)\times 0=-4$$

应该注意的是:由于矩阵 $\boldsymbol{B}$ 的列数不等于矩阵 $\boldsymbol{A}$ 的行数,因而积 $\boldsymbol{BA}$ 无意义.

例 5 已知矩阵 $\boldsymbol{A}=\begin{pmatrix}1 & 2\\ 3 & 4\end{pmatrix}$,$\boldsymbol{B}=\begin{pmatrix}5 & 6\\ 7 & 8\end{pmatrix}$,求积 $\boldsymbol{AB}$ 与 $\boldsymbol{BA}$.

解:积

$$\boldsymbol{AB}=\begin{pmatrix}1 & 2\\ 3 & 4\end{pmatrix}\begin{pmatrix}5 & 6\\ 7 & 8\end{pmatrix}=\begin{pmatrix}1\times 5+2\times 7 & 1\times 6+2\times 8\\ 3\times 5+4\times 7 & 3\times 6+4\times 8\end{pmatrix}=\begin{pmatrix}19 & 22\\ 43 & 50\end{pmatrix}$$

$$\boldsymbol{BA}=\begin{pmatrix}5 & 6\\ 7 & 8\end{pmatrix}\begin{pmatrix}1 & 2\\ 3 & 4\end{pmatrix}=\begin{pmatrix}5\times 1+6\times 3 & 5\times 2+6\times 4\\ 7\times 1+8\times 3 & 7\times 2+8\times 4\end{pmatrix}=\begin{pmatrix}23 & 34\\ 31 & 46\end{pmatrix}$$

例 6 已知矩阵 $\boldsymbol{A}=(1\quad 2\quad 3)$,$\boldsymbol{B}=\begin{pmatrix}1\\ 2\\ 3\end{pmatrix}$,求积 $\boldsymbol{AB}$ 与 $\boldsymbol{BA}$.

解:积

$$\boldsymbol{AB}=(1\quad 2\quad 3)\begin{pmatrix}1\\ 2\\ 3\end{pmatrix}=(14)$$

$$\boldsymbol{BA}=\begin{pmatrix}1\\ 2\\ 3\end{pmatrix}(1\quad 2\quad 3)=\begin{pmatrix}1 & 2 & 3\\ 2 & 4 & 6\\ 3 & 6 & 9\end{pmatrix}$$

从例 4 至例 6 可以看出：尽管积 $\boldsymbol{AB}$ 有意义，但积 $\boldsymbol{BA}$ 不一定有意义；即使积 $\boldsymbol{AB}$，$\boldsymbol{BA}$ 都有意义，积 $\boldsymbol{AB}$ 与 $\boldsymbol{BA}$ 也不一定相等. 这说明在一般情况下，矩阵与矩阵的乘法运算不满足交换律.

例 7　已知矩阵 $\boldsymbol{A}=\begin{pmatrix}2&4\\-1&-2\end{pmatrix}$，$\boldsymbol{B}=\begin{pmatrix}1&2\\2&4\end{pmatrix}$，求积 $\boldsymbol{AB}$ 与 $\boldsymbol{BA}$.

解：积

$$\boldsymbol{AB}=\begin{pmatrix}2&4\\-1&-2\end{pmatrix}\begin{pmatrix}1&2\\2&4\end{pmatrix}=\begin{pmatrix}10&20\\-5&-10\end{pmatrix}$$

$$\boldsymbol{BA}=\begin{pmatrix}1&2\\2&4\end{pmatrix}\begin{pmatrix}2&4\\-1&-2\end{pmatrix}=\begin{pmatrix}0&0\\0&0\end{pmatrix}=\boldsymbol{O}$$

例 8　已知矩阵 $\boldsymbol{A}=\begin{pmatrix}1&1\\-1&-1\end{pmatrix}$，$\boldsymbol{B}=\begin{pmatrix}2&1\\4&1\end{pmatrix}$ 及 $\boldsymbol{C}=\begin{pmatrix}6&2\\0&0\end{pmatrix}$，求积 $\boldsymbol{AB}$ 与 $\boldsymbol{AC}$.

解：积

$$\boldsymbol{AB}=\begin{pmatrix}1&1\\-1&-1\end{pmatrix}\begin{pmatrix}2&1\\4&1\end{pmatrix}=\begin{pmatrix}6&2\\-6&-2\end{pmatrix}$$

$$\boldsymbol{AC}=\begin{pmatrix}1&1\\-1&-1\end{pmatrix}\begin{pmatrix}6&2\\0&0\end{pmatrix}=\begin{pmatrix}6&2\\-6&-2\end{pmatrix}$$

从例 7 可以看出：尽管矩阵 $\boldsymbol{A}$，$\boldsymbol{B}$ 都不是零矩阵，但积 $\boldsymbol{BA}$ 却可以是零矩阵. 从例 8 可以看出：尽管矩阵 $\boldsymbol{A}$ 不是零矩阵，矩阵 $\boldsymbol{B}$ 与 $\boldsymbol{C}$ 不相等，但积 $\boldsymbol{AB}$ 与 $\boldsymbol{AC}$ 却可以相等. 这说明在一般情况下，矩阵与矩阵的乘法运算不满足消去律.

矩阵与矩阵的乘法同数与数的乘法在运算规律上有一致的地方，可以证明，矩阵与矩阵的乘法运算具有下列性质：

性质 1　满足结合律，即

$$(\boldsymbol{AB})\boldsymbol{C}=\boldsymbol{A}(\boldsymbol{BC})$$

性质 2　满足分配律，即

$$(\boldsymbol{A}+\boldsymbol{B})\boldsymbol{C}=\boldsymbol{AC}+\boldsymbol{BC}$$

$$\boldsymbol{A}(\boldsymbol{B}+\boldsymbol{C})=\boldsymbol{AB}+\boldsymbol{AC}$$

尤为重要的是，矩阵与矩阵的乘法运算不满足一些数与数的乘法运算规律，主要体现在**不满足交换律**，即在一般情况下，积 $\boldsymbol{AB}$ 不一定等于积 $\boldsymbol{BA}$. 也体现在**不满足消去律**，即在一般情况下，仅从 $\boldsymbol{AB}=\boldsymbol{O}$，不能得到 $\boldsymbol{A}=\boldsymbol{O}$ 或 $\boldsymbol{B}=\boldsymbol{O}$；仅从 $\boldsymbol{A}\neq\boldsymbol{O}$，$\boldsymbol{AB}=\boldsymbol{AC}$，不能得到 $\boldsymbol{B}=\boldsymbol{C}$.

由于矩阵与矩阵的乘法运算不满足交换律，因而矩阵与矩阵相乘时必须注意顺序. 积 $\boldsymbol{AB}$ 称为用矩阵 $\boldsymbol{A}$ 左乘矩阵 $\boldsymbol{B}$，或称为用矩阵 $\boldsymbol{B}$ 右乘矩阵 $\boldsymbol{A}$.

例 9

$$\begin{pmatrix}a_{11}&a_{12}&\cdots&a_{1n}\\a_{21}&a_{22}&\cdots&a_{2n}\\\vdots&\vdots&&\vdots\\a_{n1}&a_{n2}&\cdots&a_{nn}\end{pmatrix}\begin{pmatrix}1&0&\cdots&0\\0&1&\cdots&0\\\vdots&\vdots&&\vdots\\0&0&\cdots&1\end{pmatrix}=\begin{pmatrix}a_{11}&a_{12}&\cdots&a_{1n}\\a_{21}&a_{22}&\cdots&a_{2n}\\\vdots&\vdots&&\vdots\\a_{n1}&a_{n2}&\cdots&a_{nn}\end{pmatrix}$$

$$\begin{pmatrix} 1 & 0 & \cdots & 0 \\ 0 & 1 & \cdots & 0 \\ \vdots & \vdots & & \vdots \\ 0 & 0 & \cdots & 1 \end{pmatrix} \begin{pmatrix} a_{11} & a_{12} & \cdots & a_{1n} \\ a_{21} & a_{22} & \cdots & a_{2n} \\ \vdots & \vdots & & \vdots \\ a_{n1} & a_{n2} & \cdots & a_{nn} \end{pmatrix} = \begin{pmatrix} a_{11} & a_{12} & \cdots & a_{1n} \\ a_{21} & a_{22} & \cdots & a_{2n} \\ \vdots & \vdots & & \vdots \\ a_{n1} & a_{n2} & \cdots & a_{nn} \end{pmatrix}$$

一般地,对于单位矩阵有

$$\boldsymbol{I}_m \boldsymbol{A}_{m\times n} = \boldsymbol{A}_{m\times n}$$

$$\boldsymbol{A}_{m\times n} \boldsymbol{I}_n = \boldsymbol{A}_{m\times n}$$

说明单位矩阵在矩阵与矩阵乘法中的作用相当于数 1 在数与数乘法中的作用.

例 10 已知矩阵 $\boldsymbol{A} = \begin{pmatrix} 1 & -4 & 2 \\ -1 & 4 & -2 \end{pmatrix}$,$\boldsymbol{B} = \begin{pmatrix} 1 & 2 \\ -1 & 3 \\ 5 & -2 \end{pmatrix}$及$\boldsymbol{C} = \begin{pmatrix} 2 & 2 \\ 1 & -1 \\ 1 & -3 \end{pmatrix}$,求:

(1) 差 $2\boldsymbol{B} - 3\boldsymbol{C}$;

(2) 积 $\boldsymbol{A}(2\boldsymbol{B} - 3\boldsymbol{C})$.

解:(1) 差

$$2\boldsymbol{B} - 3\boldsymbol{C} = 2\begin{pmatrix} 1 & 2 \\ -1 & 3 \\ 5 & -2 \end{pmatrix} - 3\begin{pmatrix} 2 & 2 \\ 1 & -1 \\ 1 & -3 \end{pmatrix} = \begin{pmatrix} 2 & 4 \\ -2 & 6 \\ 10 & -4 \end{pmatrix} - \begin{pmatrix} 6 & 6 \\ 3 & -3 \\ 3 & -9 \end{pmatrix} = \begin{pmatrix} -4 & -2 \\ -5 & 9 \\ 7 & 5 \end{pmatrix}$$

(2) 积

$$\boldsymbol{A}(2\boldsymbol{B} - 3\boldsymbol{C}) = \begin{pmatrix} 1 & -4 & 2 \\ -1 & 4 & -2 \end{pmatrix} \begin{pmatrix} -4 & -2 \\ -5 & 9 \\ 7 & 5 \end{pmatrix} = \begin{pmatrix} 30 & -28 \\ -30 & 28 \end{pmatrix}$$

例 11 单项选择题

已知关系式

$$(2 \quad x)\begin{pmatrix} 3 & 1 \\ 0 & 1 \end{pmatrix} = (6 \quad 1)$$

则元素 $x =$ (　　).

(a) -2　　　　(b)2

(c) -1　　　　(d)1

解:计算积

$$(2 \quad x)\begin{pmatrix} 3 & 1 \\ 0 & 1 \end{pmatrix} = (6 \quad 2+x)$$

根据已知关系式,有

$$(6 \quad 2+x) = (6 \quad 1)$$

从而得到关系式 $2 + x = 1$,因此元素

$$x = -1$$

这个正确答案恰好就是备选答案(c),所以选择(c).

4. 矩阵的转置

定义 2.6　已知 m 行 n 列矩阵

$$A=\begin{pmatrix} a_{11} & a_{12} & \cdots & a_{1n} \\ a_{21} & a_{22} & \cdots & a_{2n} \\ \vdots & \vdots & & \vdots \\ a_{m1} & a_{m2} & \cdots & a_{mn} \end{pmatrix}$$

将行列依次互换，所得到的 n 行 m 列矩阵称为矩阵 A 的转置矩阵，记作

$$A^{T}=\begin{pmatrix} a_{11} & a_{21} & \cdots & a_{m1} \\ a_{12} & a_{22} & \cdots & a_{m2} \\ \vdots & \vdots & & \vdots \\ a_{1n} & a_{2n} & \cdots & a_{mn} \end{pmatrix}$$

例 12　已知矩阵 $X=(x_1\quad x_2\quad x_3)$，$Y=(y_1\quad y_2\quad y_3\quad y_4)$，求积 $X^{T}Y$.

解: 积

$$X^{T}Y=\begin{pmatrix} x_1 \\ x_2 \\ x_3 \end{pmatrix}(y_1\quad y_2\quad y_3\quad y_4)=\begin{pmatrix} x_1y_1 & x_1y_2 & x_1y_3 & x_1y_4 \\ x_2y_1 & x_2y_2 & x_2y_3 & x_2y_4 \\ x_3y_1 & x_3y_2 & x_3y_3 & x_3y_4 \end{pmatrix}$$

例 13　已知矩阵 $A=\begin{pmatrix} -1 & 5 \\ 6 & 0 \end{pmatrix}$，$B=\begin{pmatrix} 1 & 2 \\ 3 & 4 \end{pmatrix}$，$C=\begin{pmatrix} 0 & 1 \\ 1 & 0 \end{pmatrix}$，求和 $AB^{T}+4C$.

解: 和

$$AB^{T}+4C=\begin{pmatrix} -1 & 5 \\ 6 & 0 \end{pmatrix}\begin{pmatrix} 1 & 3 \\ 2 & 4 \end{pmatrix}+4\begin{pmatrix} 0 & 1 \\ 1 & 0 \end{pmatrix}=\begin{pmatrix} 9 & 17 \\ 6 & 18 \end{pmatrix}+\begin{pmatrix} 0 & 4 \\ 4 & 0 \end{pmatrix}=\begin{pmatrix} 9 & 21 \\ 10 & 18 \end{pmatrix}$$

可以证明，矩阵的转置运算具有下列性质：

性质 1　$(A^{T})^{T}=A$

性质 2　$(A+B)^{T}=A^{T}+B^{T}$

性质 3　$(kA)^{T}=kA^{T}$　（k 为数）

§ 2.2　矩阵的秩

在矩阵中，若一行的元素皆为零，则称这行为零行；若一行的元素不全为零，则称这行为非零行. 在非零行中，从左往右数，第一个不为零的元素称为首非零元素.

定义 2.7　已知矩阵 A，若它同时满足：

(1) 各非零行首非零元素分布在不同列；

(2) 当有零行时，零行在矩阵的最下端.

则称矩阵 A 为阶梯形矩阵.

例 1　$\begin{pmatrix} 3 & 5 & 21 \\ 0 & -13 & -39 \end{pmatrix}$ 为阶梯形矩阵

$\begin{pmatrix} 1 & -1 & 1 & -1 & 0 \\ 0 & 0 & 2 & 0 & 2 \end{pmatrix}$ 为阶梯形矩阵

$$\begin{pmatrix} 3 & 4 & 1 & 2 & 3 \\ 0 & 0 & 0 & 1 & 1 \\ 0 & 0 & 0 & 0 & 0 \end{pmatrix}$$为阶梯形矩阵

$$\begin{pmatrix} 1 & 1 & -2 & -3 \\ 0 & -1 & 3 & 7 \\ 0 & -2 & 5 & 11 \end{pmatrix}$$非阶梯形矩阵

定义 2.8 已知阶梯形矩阵 $\boldsymbol{A}$,若它同时还满足:

(1) 各非零行首非零元素皆为 1

(2) 各非零行首非零元素所在列的其他元素全为零

则进而称阶梯形矩阵 $\boldsymbol{A}$ 为简化阶梯形矩阵.

例 2 $\begin{pmatrix} 1 & 0 & -1 \\ 0 & 1 & 3 \end{pmatrix}$为简化阶梯形矩阵

$$\begin{pmatrix} 1 & 0 & 0 & -2 & 1 \\ 0 & 1 & 0 & 1 & 0 \\ 0 & 0 & 1 & -3 & -1 \end{pmatrix}$$为简化阶梯形矩阵

$$\begin{pmatrix} 1 & \frac{4}{3} & \frac{1}{3} & 0 & \frac{1}{3} \\ 0 & 0 & 0 & 1 & 1 \\ 0 & 0 & 0 & 0 & 0 \end{pmatrix}$$为简化阶梯形矩阵

$$\begin{pmatrix} 1 & 1 & 1 & 1 & 4 \\ 0 & 1 & 0 & 0 & 1 \\ 0 & 0 & 1 & 1 & 2 \end{pmatrix}$$为阶梯形矩阵,但非简化阶梯形矩阵

定义 2.9 对矩阵施以下列三种变换:

(1) 交换矩阵的任意两行

(2) 矩阵的任意一行乘以非零数 k

(3) 矩阵任意一行的数 k 倍加到另外一行上去

称为矩阵的初等行变换.

考虑矩阵

$$\boldsymbol{A}=\begin{pmatrix} a_{11} & a_{12} & a_{13} & a_{14} \\ a_{21} & a_{22} & a_{23} & a_{24} \\ a_{31} & a_{32} & a_{33} & a_{34} \end{pmatrix},\boldsymbol{I}=\begin{pmatrix} 1 & 0 & 0 \\ 0 & 1 & 0 \\ 0 & 0 & 1 \end{pmatrix}$$

若将第 1 行与第 3 行交换,有

$$\boldsymbol{A}=\begin{pmatrix} a_{11} & a_{12} & a_{13} & a_{14} \\ a_{21} & a_{22} & a_{23} & a_{24} \\ a_{31} & a_{32} & a_{33} & a_{34} \end{pmatrix}\to\begin{pmatrix} a_{31} & a_{32} & a_{33} & a_{34} \\ a_{21} & a_{22} & a_{23} & a_{24} \\ a_{11} & a_{12} & a_{13} & a_{14} \end{pmatrix}=\boldsymbol{A}_1$$

$$\boldsymbol{I}=\begin{pmatrix} 1 & 0 & 0 \\ 0 & 1 & 0 \\ 0 & 0 & 1 \end{pmatrix}\to\begin{pmatrix} 0 & 0 & 1 \\ 0 & 1 & 0 \\ 1 & 0 & 0 \end{pmatrix}=\boldsymbol{B}_1$$

容易看出,积

$$\boldsymbol{B}_1\boldsymbol{A}=\begin{pmatrix}0&0&1\\0&1&0\\1&0&0\end{pmatrix}\begin{pmatrix}a_{11}&a_{12}&a_{13}&a_{14}\\a_{21}&a_{22}&a_{23}&a_{24}\\a_{31}&a_{32}&a_{33}&a_{34}\end{pmatrix}=\begin{pmatrix}a_{31}&a_{32}&a_{33}&a_{34}\\a_{21}&a_{22}&a_{23}&a_{24}\\a_{11}&a_{12}&a_{13}&a_{14}\end{pmatrix}=\boldsymbol{A}_1$$

这说明:交换矩阵 $\boldsymbol{A}$ 的第 1 行与第 3 行相当于用矩阵 $\boldsymbol{B}_1$ 左乘矩阵 $\boldsymbol{A}$.

若将第 2 行乘以非零数 k,有

$$\boldsymbol{A}=\begin{pmatrix}a_{11}&a_{12}&a_{13}&a_{14}\\a_{21}&a_{22}&a_{23}&a_{24}\\a_{31}&a_{32}&a_{33}&a_{34}\end{pmatrix}\to\begin{pmatrix}a_{11}&a_{12}&a_{13}&a_{14}\\ka_{21}&ka_{22}&ka_{23}&ka_{24}\\a_{31}&a_{32}&a_{33}&a_{34}\end{pmatrix}=\boldsymbol{A}_2$$

$$\boldsymbol{I}=\begin{pmatrix}1&0&0\\0&1&0\\0&0&1\end{pmatrix}\to\begin{pmatrix}1&0&0\\0&k&0\\0&0&1\end{pmatrix}=\boldsymbol{B}_2$$

容易看出,积

$$\boldsymbol{B}_2\boldsymbol{A}=\begin{pmatrix}1&0&0\\0&k&0\\0&0&1\end{pmatrix}\begin{pmatrix}a_{11}&a_{12}&a_{13}&a_{14}\\a_{21}&a_{22}&a_{23}&a_{24}\\a_{31}&a_{32}&a_{33}&a_{34}\end{pmatrix}=\begin{pmatrix}a_{11}&a_{12}&a_{13}&a_{14}\\ka_{21}&ka_{22}&ka_{23}&ka_{24}\\a_{31}&a_{32}&a_{33}&a_{34}\end{pmatrix}=\boldsymbol{A}_2$$

这说明:用非零数 k 乘矩阵 $\boldsymbol{A}$ 的第 2 行相当于用矩阵 $\boldsymbol{B}_2$ 左乘矩阵 $\boldsymbol{A}$.

若将第 1 行的 k 倍加到第 2 行上去,有

$$\boldsymbol{A}=\begin{pmatrix}a_{11}&a_{12}&a_{13}&a_{14}\\a_{21}&a_{22}&a_{23}&a_{24}\\a_{31}&a_{32}&a_{33}&a_{34}\end{pmatrix}$$

$$\to\begin{pmatrix}a_{11}&a_{12}&a_{13}&a_{14}\\a_{21}+ka_{11}&a_{22}+ka_{12}&a_{23}+ka_{13}&a_{24}+ka_{14}\\a_{31}&a_{32}&a_{33}&a_{34}\end{pmatrix}=\boldsymbol{A}_3$$

$$\boldsymbol{I}=\begin{pmatrix}1&0&0\\0&1&0\\0&0&1\end{pmatrix}\to\begin{pmatrix}1&0&0\\k&1&0\\0&0&1\end{pmatrix}=\boldsymbol{B}_3$$

容易看出,积

$$\boldsymbol{B}_3\boldsymbol{A}=\begin{pmatrix}1&0&0\\k&1&0\\0&0&1\end{pmatrix}\begin{pmatrix}a_{11}&a_{12}&a_{13}&a_{14}\\a_{21}&a_{22}&a_{23}&a_{24}\\a_{31}&a_{32}&a_{33}&a_{34}\end{pmatrix}$$

$$=\begin{pmatrix}a_{11}&a_{12}&a_{13}&a_{14}\\a_{21}+ka_{11}&a_{22}+ka_{12}&a_{23}+ka_{13}&a_{24}+ka_{14}\\a_{31}&a_{32}&a_{33}&a_{34}\end{pmatrix}=\boldsymbol{A}_3$$

这说明:矩阵 $\boldsymbol{A}$ 第 1 行的 k 倍加到第 2 行上去相当于用矩阵 $\boldsymbol{B}_3$ 左乘矩阵 $\boldsymbol{A}$.

从上面观察得到的结论,可以推广到一般情况,容易得到下面的定理.

定理 2.1 对任何矩阵 $\boldsymbol{A}$ 作若干次初等行变换得到矩阵 $\boldsymbol{C}$,相当于用单位矩阵 $\boldsymbol{I}$ 作同样若干次初等行变换所得到的矩阵 $\boldsymbol{B}$ 左乘矩阵 $\boldsymbol{A}$,即

$$\boldsymbol{BA}=\boldsymbol{C}$$

可以证明:任何一个矩阵 $\boldsymbol{A}=(a_{ij})_{m\times n}$ 经过若干次初等行变换,都可以化为阶梯形矩阵.具体方法是:首先观察第 1 列元素中有多少个非零行首非零元素,若不超过一个,则已符合要求;若超过一个,不妨设 $a_{11}\neq 0,a_{l1}\neq 0,\cdots$,则将第 1 行的 $-\frac{a_{l1}}{a_{11}}$ 倍加到第 l 行上去,…,以使得第 1 列元素中非零行首非零元素为一个.然后再用同样方法依次观察和处理其他各列,直至使得非零行首非零元素在不同列为止.在对矩阵作初等行变换的过程中,若有零行出现,则适时将零行移至矩阵的最下端.

定义 2.10 已知矩阵 $\boldsymbol{A}$,当矩阵 $\boldsymbol{A}$ 为阶梯形矩阵,或矩阵 $\boldsymbol{A}$ 虽非阶梯形矩阵但可经过若干次初等行变换化为阶梯形矩阵.若阶梯形矩阵非零行为 r 行,则称矩阵 $\boldsymbol{A}$ 的秩为 r,记作

$$\mathrm{r}(\boldsymbol{A})=r$$

例 3 填空题

已知矩阵

$$\boldsymbol{A}=\begin{pmatrix}0&0&1&0&1\\1&0&0&0&0\\0&1&0&0&0\\0&0&0&1&0\end{pmatrix}$$

则秩 $\mathrm{r}(\boldsymbol{A})=$ ______.

解:容易看出,所给矩阵 $\boldsymbol{A}$ 中 4 行都是非零行,第 1 行首非零元素 1 在第 3 列,第 2 行首非零元素 1 在第 1 列,第 3 行首非零元素 1 在第 2 列,第 4 行首非零元素 1 在第 4 列,它们在不同列,因而矩阵 $\boldsymbol{A}$ 为阶梯形矩阵.又由于其非零行为 4 行,说明秩 $\mathrm{r}(\boldsymbol{A})=4$,于是应将"4"直接填在空内.

例 4 已知矩阵

$$\boldsymbol{A}=\begin{pmatrix}3&1&4&5&7\\0&2&1&0&5\\0&3&4&-2&6\end{pmatrix}$$

求秩 $\mathrm{r}(\boldsymbol{A})$.

解:容易看出,所给矩阵 $\boldsymbol{A}$ 中 3 行都是非零行,其中第 2 行与第 3 行的首非零元素同在第 2 列,因而矩阵 $\boldsymbol{A}$ 不为阶梯形矩阵,对矩阵 $\boldsymbol{A}$ 作初等行变换,化为阶梯形矩阵,有

$$\boldsymbol{A}=\begin{pmatrix}3&1&4&5&7\\0&2&1&0&5\\0&3&4&-2&6\end{pmatrix}$$

(第 2 行乘以 3,第 3 行乘以 2)

$$\to\begin{pmatrix}3&1&4&5&7\\0&6&3&0&15\\0&6&8&-4&12\end{pmatrix}$$

(第 2 行的 -1 倍加到第 3 行上去)

$$\to\begin{pmatrix}3&1&4&5&7\\0&6&3&0&15\\0&0&5&-4&-3\end{pmatrix}$$

由于阶梯形矩阵非零行为 3 行，于是秩 $r(\boldsymbol{A})=3$.

例 5　已知矩阵

$$\boldsymbol{A}=\begin{pmatrix}1&1&2&3\\1&2&3&-1\\3&-1&-1&-2\\2&3&-1&-1\end{pmatrix}$$

求秩 $r(\boldsymbol{A})$.

解：容易看出，所给矩阵 $\boldsymbol{A}$ 中 4 行都是非零行，它们的首非零元素同在第 1 列，因而矩阵 $\boldsymbol{A}$ 不为阶梯形矩阵，对矩阵 $\boldsymbol{A}$ 作初等行变换，化为阶梯形矩阵，有

$$\boldsymbol{A}=\begin{pmatrix}1&1&2&3\\1&2&3&-1\\3&-1&-1&-2\\2&3&-1&-1\end{pmatrix}$$

（第 1 行的 -1 倍加到第 2 行上去，第 1 行的 -3 倍加到第 3 行上去，第 1 行的 -2 倍加到第 4 行上去）

$$\to\begin{pmatrix}1&1&2&3\\0&1&1&-4\\0&-4&-7&-11\\0&1&-5&-7\end{pmatrix}$$

（第 2 行的 4 倍加到第 3 行上去，第 2 行的 -1 倍加到第 4 行上去）

$$\to\begin{pmatrix}1&1&2&3\\0&1&1&-4\\0&0&-3&-27\\0&0&-6&-3\end{pmatrix}$$

（第 3 行的 -2 倍加到第 4 行上去）

$$\to\begin{pmatrix}1&1&2&3\\0&1&1&-4\\0&0&-3&-27\\0&0&0&51\end{pmatrix}$$

由于阶梯形矩阵非零行为 4 行，于是秩 $r(\boldsymbol{A})=4$.

例 6　已知矩阵

$$\boldsymbol{A}=\begin{pmatrix}1&1&3&-1&-2\\2&2&-1&2&3\\3&3&2&1&1\\1&1&-4&3&5\end{pmatrix}$$

求秩 $r(\boldsymbol{A})$.

解:容易看出,所给矩阵 $\boldsymbol{A}$ 中 4 行都是非零行,它们的首非零元素同在第 1 列,因而矩阵 $\boldsymbol{A}$ 不为阶梯形矩阵,对矩阵 $\boldsymbol{A}$ 作初等行变换,化为阶梯形矩阵. 有

$$\boldsymbol{A}=\begin{pmatrix}1&1&3&-1&-2\\2&2&-1&2&3\\3&3&2&1&1\\1&1&-4&3&5\end{pmatrix}$$

(第 1 行的 -2 倍加到第 2 行上去,第 1 行的 -3 倍加到第 3 行上去,第 1 行的 -1 倍加到第 4 行上去)

$$\rightarrow\begin{pmatrix}1&1&3&-1&-2\\0&0&-7&4&7\\0&0&-7&4&7\\0&0&-7&4&7\end{pmatrix}$$

(第 2 行的 -1 倍分别加到第 3 行与第 4 行上去)

$$\rightarrow\begin{pmatrix}1&1&3&-1&-2\\0&0&-7&4&7\\0&0&0&0&0\\0&0&0&0&0\end{pmatrix}$$

由于阶梯形矩阵非零行为 2 行,于是秩 $\mathrm{r}(\boldsymbol{A})=2$.

例 7 已知矩阵

$$\boldsymbol{A}=\begin{pmatrix}1&1&1&1&1&1\\0&1&2&2&6&3\\3&2&1&1&-3&x\\5&4&3&3&-1&2\end{pmatrix}$$

确定元素 x 的值,使得秩 $\mathrm{r}(\boldsymbol{A})=2$.

解:对矩阵 $\boldsymbol{A}$ 作初等行变换,化为阶梯形矩阵. 有

$$\boldsymbol{A}=\begin{pmatrix}1&1&1&1&1&1\\0&1&2&2&6&3\\3&2&1&1&-3&x\\5&4&3&3&-1&2\end{pmatrix}$$

(第 1 行的 -3 倍加到第 3 行上去,第 1 行的 -5 倍加到第 4 行上去)

$$\rightarrow\begin{pmatrix}1&1&1&1&1&1\\0&1&2&2&6&3\\0&-1&-2&-2&-6&x-3\\0&-1&-2&-2&-6&-3\end{pmatrix}$$

(第 2 行分别加到第 3 行与第 4 行上去)

$$\rightarrow \begin{pmatrix} 1 & 1 & 1 & 1 & 1 & 1 \\ 0 & 1 & 2 & 2 & 6 & 3 \\ 0 & 0 & 0 & 0 & 0 & x \\ 0 & 0 & 0 & 0 & 0 & 0 \end{pmatrix}$$

注意到第 1 行与第 2 行都是非零行,第 4 行是零行,欲使得秩 $r(\boldsymbol{A}) = 2$,第 3 行必须是零行.所以元素 $x = 0$,使得秩 $r(\boldsymbol{A}) = 2$.

可以证明,矩阵的秩具有下列性质:

性质 1　矩阵 $\boldsymbol{A} = (a_{ij})_{m\times n}$ 的秩不大于行数 m 且不大于列数 n,即秩

$$r(\boldsymbol{A}) \leqslant \min\{m, n\}$$

性质 2　对于 m 行矩阵 $\boldsymbol{A}$,如果存在 m 列元素构成 m 阶行列式不为零,则秩

$$r(\boldsymbol{A}) = m$$

性质 3　转置矩阵 $\boldsymbol{A}^{\mathrm{T}}$ 的秩等于矩阵 $\boldsymbol{A}$ 的秩,即秩

$$r(\boldsymbol{A}^{\mathrm{T}}) = r(\boldsymbol{A})$$

例 8　已知矩阵

$$\boldsymbol{A} = \begin{pmatrix} 3 & 5 & -7 \\ 0 & 4 & 1 \\ 0 & 0 & 2 \end{pmatrix}$$

求秩 $r(\boldsymbol{A}^{\mathrm{T}})$.

解:容易看出,矩阵 $\boldsymbol{A}$ 为阶梯形矩阵,由于其非零行为 3 行,于是秩 $r(\boldsymbol{A}) = 3$. 又因为 $r(\boldsymbol{A}^{\mathrm{T}}) = r(\boldsymbol{A})$,所以秩 $r(\boldsymbol{A}^{\mathrm{T}}) = 3$.

§2.3　方阵的幂与逆矩阵

下面讨论只针对方阵的有关运算.

定义 2.11　已知 n 阶方阵 $\boldsymbol{A}$,将 k 个 n 阶方阵 $\boldsymbol{A}$ 连乘,所得到的积仍是 n 阶方阵,称为 n 阶方阵 $\boldsymbol{A}$ 的 k 次幂,记作

$$\boldsymbol{A}^k = \underbrace{\boldsymbol{A}\boldsymbol{A}\cdots\boldsymbol{A}}_{k个}$$

例 1　已知二阶方阵 $\boldsymbol{A} = \begin{pmatrix} 2 & -1 \\ -3 & 3 \end{pmatrix}$,$\boldsymbol{I} = \begin{pmatrix} 1 & 0 \\ 0 & 1 \end{pmatrix}$,求代数和 $\boldsymbol{A}^2 - 5\boldsymbol{A} + 3\boldsymbol{I}$.

解:代数和

$$\begin{aligned} \boldsymbol{A}^2 - 5\boldsymbol{A} + 3\boldsymbol{I} &= \boldsymbol{A}\boldsymbol{A} - 5\boldsymbol{A} + 3\boldsymbol{I} \\ &= \begin{pmatrix} 2 & -1 \\ -3 & 3 \end{pmatrix}\begin{pmatrix} 2 & -1 \\ -3 & 3 \end{pmatrix} - 5\begin{pmatrix} 2 & -1 \\ -3 & 3 \end{pmatrix} + 3\begin{pmatrix} 1 & 0 \\ 0 & 1 \end{pmatrix} \\ &= \begin{pmatrix} 7 & -5 \\ -15 & 12 \end{pmatrix} - \begin{pmatrix} 10 & -5 \\ -15 & 15 \end{pmatrix} + \begin{pmatrix} 3 & 0 \\ 0 & 3 \end{pmatrix} = \begin{pmatrix} 0 & 0 \\ 0 & 0 \end{pmatrix} = \boldsymbol{O} \end{aligned}$$

考虑 n 阶方阵 $\boldsymbol{A}$,$\boldsymbol{B}$,由于矩阵与矩阵的乘法运算满足结合律与分配律,于是得到

$$(\boldsymbol{AB})^2=(\boldsymbol{AB})(\boldsymbol{AB})=\boldsymbol{ABAB}$$

$$(\boldsymbol{A}+\boldsymbol{B})^2=(\boldsymbol{A}+\boldsymbol{B})(\boldsymbol{A}+\boldsymbol{B})=\boldsymbol{A}(\boldsymbol{A}+\boldsymbol{B})+\boldsymbol{B}(\boldsymbol{A}+\boldsymbol{B})=\boldsymbol{A}^2+\boldsymbol{AB}+\boldsymbol{BA}+\boldsymbol{B}^2$$

$$(\boldsymbol{A}+\boldsymbol{B})(\boldsymbol{A}-\boldsymbol{B})=\boldsymbol{A}(\boldsymbol{A}-\boldsymbol{B})+\boldsymbol{B}(\boldsymbol{A}-\boldsymbol{B})=\boldsymbol{A}^2-\boldsymbol{AB}+\boldsymbol{BA}-\boldsymbol{B}^2$$

由于矩阵与矩阵的乘法运算不满足交换律,即在一般情况下,积 $\boldsymbol{BA}$ 不一定等于积 $\boldsymbol{AB}$,所以有下列结论:

(1) 幂 $(\boldsymbol{AB})^2$ 不一定等于积 $\boldsymbol{A}^2\boldsymbol{B}^2$;

(2) 幂 $(\boldsymbol{A}+\boldsymbol{B})^2$ 不一定等于和 $\boldsymbol{A}^2+2\boldsymbol{AB}+\boldsymbol{B}^2$;

(3) 积 $(\boldsymbol{A}+\boldsymbol{B})(\boldsymbol{A}-\boldsymbol{B})$ 不一定等于差 $\boldsymbol{A}^2-\boldsymbol{B}^2$.

上述讨论说明:对于数运算成立的积的平方公式、两项和的平方公式及平方差公式对于方阵运算是不适用的.

定义 2.12 已知 n 阶方阵

$$\boldsymbol{A}=\begin{pmatrix} a_{11} & a_{12} & \cdots & a_{1n} \\ a_{21} & a_{22} & \cdots & a_{2n} \\ \vdots & \vdots & & \vdots \\ a_{n1} & a_{n2} & \cdots & a_{nn} \end{pmatrix}$$

将构成 n 阶方阵 $\boldsymbol{A}$ 的 n^2 个元素按照原来的顺序作一个 n 阶行列式,这个 n 阶行列式称为 n 阶方阵 $\boldsymbol{A}$ 的行列式,记作

$$|\boldsymbol{A}|=\begin{vmatrix} a_{11} & a_{12} & \cdots & a_{1n} \\ a_{21} & a_{22} & \cdots & a_{2n} \\ \vdots & \vdots & & \vdots \\ a_{n1} & a_{n2} & \cdots & a_{nn} \end{vmatrix}$$

可以证明,方阵的行列式具有下列性质:

性质 1 已知方阵 $\boldsymbol{A}$,则行列式

$$|\boldsymbol{A}^{\mathrm{T}}|=|\boldsymbol{A}|$$

性质 2 如果方阵 $\boldsymbol{A}$ 为 n 阶方阵,k 为数,则行列式

$$|k\boldsymbol{A}|=k^n|\boldsymbol{A}|$$

性质 3 如果方阵 $\boldsymbol{A}$,$\boldsymbol{B}$ 为同阶方阵,则行列式

$$|\boldsymbol{AB}|=|\boldsymbol{A}||\boldsymbol{B}|$$

性质 1 实际上就是 §1.1 定理 1.1,性质 2 实际上就是 §1.2 行列式性质 2.

例 2 已知方阵 $\boldsymbol{A}$ 为 3 阶方阵,且行列式 $|\boldsymbol{A}|=3$,求下列行列式的值:

(1) $|-\boldsymbol{A}|$　　(2) $|3\boldsymbol{A}^{\mathrm{T}}|$

解:(1) 根据方阵的行列式性质 2,得到行列式

$$|-\boldsymbol{A}|=(-1)^3|\boldsymbol{A}|=(-1)^3\times 3=-3$$

(2) 根据方阵的行列式性质 2 与性质 1,得到行列式

$$|3\boldsymbol{A}^{\mathrm{T}}|=3^3|\boldsymbol{A}^{\mathrm{T}}|=3^3|\boldsymbol{A}|=3^3\times 3=81$$

下面讨论方阵的一种重要运算.

定义 2.13　已知 n 阶方阵 $\boldsymbol{A}$，若存在 n 阶方阵 $\boldsymbol{B}$，使得

$$\boldsymbol{AB}=\boldsymbol{BA}=\boldsymbol{I}$$

则称 n 阶方阵 $\boldsymbol{A}$ 可逆，并称 n 阶方阵 $\boldsymbol{B}$ 为 n 阶方阵 $\boldsymbol{A}$ 的逆矩阵，记作

$$\boldsymbol{A}^{-1}=\boldsymbol{B}$$

自然会提出这样一个问题：如果 n 阶方阵 $\boldsymbol{A}$ 可逆，它的逆矩阵是否唯一？设 n 阶方阵 $\boldsymbol{B}_1$ 与 $\boldsymbol{B}_2$ 都是 n 阶方阵 $\boldsymbol{A}$ 的逆矩阵，则有

$$\boldsymbol{AB}_1=\boldsymbol{B}_1\boldsymbol{A}=\boldsymbol{I}$$

$$\boldsymbol{AB}_2=\boldsymbol{B}_2\boldsymbol{A}=\boldsymbol{I}$$

于是得到 n 阶方阵

$$\boldsymbol{B}_1=\boldsymbol{B}_1\boldsymbol{I}=\boldsymbol{B}_1(\boldsymbol{AB}_2)=(\boldsymbol{B}_1\boldsymbol{A})\boldsymbol{B}_2=\boldsymbol{IB}_2=\boldsymbol{B}_2$$

这说明 n 阶方阵 $\boldsymbol{A}$ 的逆矩阵是唯一的. 那么，什么样的方阵可逆？可以得到下面的定理.

定理 2.2　n 阶方阵 $\boldsymbol{A}$ 可逆等价于 n 阶方阵 $\boldsymbol{A}$ 的行列式 $|\boldsymbol{A}|\neq 0$.

若 n 阶方阵 $\boldsymbol{A}$ 可逆，如何求得逆矩阵 $\boldsymbol{A}^{-1}$ 的表达式？用逆矩阵 $\boldsymbol{A}^{-1}$ 左乘 n 阶方阵 $\boldsymbol{A}$，有

$$\boldsymbol{A}^{-1}\boldsymbol{A}=\boldsymbol{I}$$

根据 §2.2 定理 2.1，说明 n 阶方阵 $\boldsymbol{A}$ 经过若干次初等行变换化为单位矩阵 $\boldsymbol{I}$，而乘在 n 阶方阵 $\boldsymbol{A}$ 左面的逆矩阵 $\boldsymbol{A}^{-1}$ 就是单位矩阵 $\boldsymbol{I}$ 作同样若干次初等行变换所得到的 n 阶方阵，于是得到应用矩阵的初等行变换求 n 阶方阵 $\boldsymbol{A}$ 的逆矩阵 $\boldsymbol{A}^{-1}$ 的方法：作 n 行 $2n$ 列矩阵 $(\boldsymbol{A}\,\vdots\,\boldsymbol{I})$，然后对 n 行 $2n$ 列矩阵 $(\boldsymbol{A}\,\vdots\,\boldsymbol{I})$ 作若干次初等行变换，使得前 n 列化为单位矩阵 $\boldsymbol{I}$，则同时后 n 列就化为逆矩阵 $\boldsymbol{A}^{-1}$，即

$$(\boldsymbol{A}\,\vdots\,\boldsymbol{I})\rightarrow\cdots\rightarrow(\boldsymbol{I}\,\vdots\,\boldsymbol{A}^{-1})$$

对 n 行 $2n$ 列矩阵 $(\boldsymbol{A}\,\vdots\,\boldsymbol{I})$ 作初等行变换，求逆矩阵 $\boldsymbol{A}^{-1}$ 的步骤如下：

步骤 1　在矩阵 $(\boldsymbol{A}\,\vdots\,\boldsymbol{I})$ 中，不妨设第 1 行第 1 列元素不为零，这时将第 1 行的适当若干倍分别加到其他各行上去，使得第 1 列除第 1 行第 1 列元素外，其余元素皆化为零；

步骤 2　在矩阵 $(\boldsymbol{A}\,\vdots\,\boldsymbol{I})$ 经步骤 1 得到的矩阵中，不妨设第 2 行第 2 列元素不为零，这时将第 2 行的适当若干倍分别加到其他各行上去，使得第 2 列除第 2 行第 2 列元素外，其余元素皆化为零；

……　……

如此继续下去，经过 $n-1$ 个步骤，就可以将矩阵 $(\boldsymbol{A}\,\vdots\,\boldsymbol{I})$ 前 n 列主对角线以外所有元素皆化为零.

在上述步骤中，可根据需要，穿插将矩阵 $(\boldsymbol{A}\,\vdots\,\boldsymbol{I})$ 前 n 列主对角线上元素适时化为 1，只需该元素所在行乘以它的倒数，或者另外一行的适当若干倍加到该元素所在行上去.

如果不知道方阵 $\boldsymbol{A}$ 是否可逆，也可以按上述方法去做，在做的过程中，只要矩阵 $(\boldsymbol{A}\,\vdots\,\boldsymbol{I})$ 前 n 列有一行(列)元素全化为零，说明方阵 $\boldsymbol{A}$ 不可能化为单位矩阵 $\boldsymbol{I}$，于是方阵 $\boldsymbol{A}$ 不可逆.

例 3　已知二阶方阵

$$\boldsymbol{A}=\begin{pmatrix}1 & 2\\ 3 & 7\end{pmatrix}$$

(1) 判别二阶方阵 $\boldsymbol{A}$ 是否可逆？

(2) 若二阶方阵 $\boldsymbol{A}$ 可逆，则求逆矩阵 $\boldsymbol{A}^{-1}$.

解:(1) 计算二阶方阵 $\boldsymbol{A}$ 的行列式

$$|\boldsymbol{A}|=\begin{vmatrix}1 & 2\\ 3 & 7\end{vmatrix}=1\neq 0$$

所以二阶方阵 $\boldsymbol{A}$ 可逆.

(2) 对 2 行 4 列矩阵 $(\boldsymbol{A}\,\vdots\,\boldsymbol{I})$ 作初等行变换使得前 2 列化为单位矩阵 $\boldsymbol{I}$,有

$$(\boldsymbol{A}\,\vdots\,\boldsymbol{I})=\left(\begin{array}{cc:cc}1 & 2 & 1 & 0\\ 3 & 7 & 0 & 1\end{array}\right)$$

(第 1 行的 -3 倍加到第 2 行上去)

$$\rightarrow\left(\begin{array}{cc:cc}1 & 2 & 1 & 0\\ 0 & 1 & -3 & 1\end{array}\right)$$

(第 2 行的 -2 倍加到第 1 行上去)

$$\rightarrow\left(\begin{array}{cc:cc}1 & 0 & 7 & -2\\ 0 & 1 & -3 & 1\end{array}\right)$$

所以二阶方阵 $\boldsymbol{A}$ 的逆矩阵

$$\boldsymbol{A}^{-1}=\begin{pmatrix}7 & -2\\ -3 & 1\end{pmatrix}$$

例 4 已知三阶方阵

$$\boldsymbol{A}=\begin{pmatrix}1 & 2 & 3\\ 0 & 2 & 3\\ 0 & 0 & 3\end{pmatrix}$$

(1) 判别三阶方阵 $\boldsymbol{A}$ 是否可逆?

(2) 若三阶方阵 $\boldsymbol{A}$ 可逆,则求逆矩阵 $\boldsymbol{A}^{-1}$.

解:(1) 计算三阶方阵 $\boldsymbol{A}$ 的行列式

$$|\boldsymbol{A}|=\begin{vmatrix}1 & 2 & 3\\ 0 & 2 & 3\\ 0 & 0 & 3\end{vmatrix}=6\neq 0$$

所以三阶方阵 $\boldsymbol{A}$ 可逆.

(2) 对 3 行 6 列矩阵 $(\boldsymbol{A}\,\vdots\,\boldsymbol{I})$ 作初等行变换,使得前 3 列化为单位矩阵 $\boldsymbol{I}$,有

$$(\boldsymbol{A}\,\vdots\,\boldsymbol{I})=\left(\begin{array}{ccc:ccc}1 & 2 & 3 & 1 & 0 & 0\\ 0 & 2 & 3 & 0 & 1 & 0\\ 0 & 0 & 3 & 0 & 0 & 1\end{array}\right)$$

(第 2 行的 -1 倍加到第 1 行上去)

$$\rightarrow\left(\begin{array}{ccc:ccc}1 & 0 & 0 & 1 & -1 & 0\\ 0 & 2 & 3 & 0 & 1 & 0\\ 0 & 0 & 3 & 0 & 0 & 1\end{array}\right)$$

(第 3 行的 -1 倍加到第 2 行上去)

$$\rightarrow\begin{pmatrix}1&0&0&\vdots&1&-1&0\\0&2&0&\vdots&0&1&-1\\0&0&3&\vdots&0&0&1\end{pmatrix}$$

$\left(\text{第 2 行乘以}\dfrac{1}{2},\text{第 3 行乘以}\dfrac{1}{3}\right)$

$$\rightarrow\begin{pmatrix}1&0&0&\vdots&1&-1&0\\0&1&0&\vdots&0&\dfrac{1}{2}&-\dfrac{1}{2}\\0&0&1&\vdots&0&0&\dfrac{1}{3}\end{pmatrix}$$

所以三阶方阵 $\boldsymbol{A}$ 的逆矩阵

$$\boldsymbol{A}^{-1}=\begin{pmatrix}1&-1&0\\0&\dfrac{1}{2}&-\dfrac{1}{2}\\0&0&\dfrac{1}{3}\end{pmatrix}$$

例 5　已知三阶方阵

$$\boldsymbol{A}=\begin{pmatrix}1&1&1\\-1&0&-1\\-1&-1&0\end{pmatrix}$$

(1) 判别三阶方阵 $\boldsymbol{A}$ 是否可逆?

(2) 若三阶方阵 $\boldsymbol{A}$ 可逆,则求逆矩阵 $\boldsymbol{A}^{-1}$.

解:(1) 计算三阶方阵 $\boldsymbol{A}$ 的行列式

$$|\boldsymbol{A}|=\begin{vmatrix}1&1&1\\-1&0&-1\\-1&-1&0\end{vmatrix}$$

(第 1 行分别加到第 2 行与第 3 行上去)

$$=\begin{vmatrix}1&1&1\\0&1&0\\0&0&1\end{vmatrix}=1\neq 0$$

所以三阶方阵 $\boldsymbol{A}$ 可逆.

(2) 对 3 行 6 列矩阵 $(\boldsymbol{A}\ \vdots\ \boldsymbol{I})$ 作初等行变换,使得前 3 列化为单位矩阵 $\boldsymbol{I}$,有

$$(\boldsymbol{A}\ \vdots\ \boldsymbol{I})=\begin{pmatrix}1&1&1&\vdots&1&0&0\\-1&0&-1&\vdots&0&1&0\\-1&-1&0&\vdots&0&0&1\end{pmatrix}$$

(第 1 行分别加到第 2 行与第 3 行上去)

$$\rightarrow\begin{pmatrix}1&1&1&\vdots&1&0&0\\0&1&0&\vdots&1&1&0\\0&0&1&\vdots&1&0&1\end{pmatrix}$$

(第 2 行的 -1 倍加到第 1 行上去)

$$\rightarrow\left(\begin{array}{ccc:ccc}1&0&1&0&-1&0\\0&1&0&1&1&0\\0&0&1&1&0&1\end{array}\right)$$

(第 3 行的 −1 倍加到第 1 行上去)

$$\rightarrow\left(\begin{array}{ccc:ccc}1&0&0&-1&-1&-1\\0&1&0&1&1&0\\0&0&1&1&0&1\end{array}\right)$$

所以三阶方阵 $\boldsymbol{A}$ 的逆矩阵

$$\boldsymbol{A}^{-1}=\begin{pmatrix}-1&-1&-1\\1&1&0\\1&0&1\end{pmatrix}$$

注意:在求出逆矩阵表达式后,需进行验算,即计算原方阵与所求得逆矩阵的积,只有这个积等于单位矩阵,所求得逆矩阵表达式才正确.例 3 至例 5 所得逆矩阵经验算正确无误.

例 6 已知三阶方阵

$$\boldsymbol{A}=\begin{pmatrix}1&1&0\\1&2&2\\2&3&2\end{pmatrix}$$

(1) 判别三阶方阵 $\boldsymbol{A}$ 是否可逆?

(2) 若三阶方阵 $\boldsymbol{A}$ 可逆,则求逆矩阵 $\boldsymbol{A}^{-1}$.

解:(1) 计算三阶方阵 $\boldsymbol{A}$ 的行列式

$$|\boldsymbol{A}|=\begin{vmatrix}1&1&0\\1&2&2\\2&3&2\end{vmatrix}=4+4+0-0-2-6=0$$

所以三阶方阵 $\boldsymbol{A}$ 不可逆.

根据逆矩阵的定义,容易证明逆矩阵具有下列性质:

性质 1 如果方阵 $\boldsymbol{A}$ 可逆,则它的逆矩阵 $\boldsymbol{A}^{-1}$ 也可逆,且

$$(\boldsymbol{A}^{-1})^{-1}=\boldsymbol{A}$$

性质 2 如果方阵 $\boldsymbol{A}$ 可逆,则它的转置矩阵 $\boldsymbol{A}^{\mathrm{T}}$ 也可逆,且

$$(\boldsymbol{A}^{\mathrm{T}})^{-1}=(\boldsymbol{A}^{-1})^{\mathrm{T}}$$

例 7 已知三阶方阵 $\boldsymbol{A}$ 的逆矩阵

$$\boldsymbol{A}^{-1}=\begin{pmatrix}2&2&3\\1&-1&0\\-1&2&1\end{pmatrix}$$

求三阶方阵 $\boldsymbol{A}$.

解:由于三阶方阵 $\boldsymbol{A}=(\boldsymbol{A}^{-1})^{-1}$,从而问题化为求三阶方阵 $\boldsymbol{A}^{-1}$ 的逆矩阵,因此对 3 行 6 列矩阵 $(\boldsymbol{A}^{-1}\ \vdots\ \boldsymbol{I})$ 作初等行变换,使得前 3 列化为单位矩阵 $\boldsymbol{I}$,有

$$(\boldsymbol{A}^{-1}\ \vdots\ \boldsymbol{I})=\left(\begin{array}{ccc:ccc}2&2&3&1&0&0\\1&-1&0&0&1&0\\-1&2&1&0&0&1\end{array}\right)$$

(交换第 1 行与第 2 行,然后再交换第 2 行与第 3 行)

$$\rightarrow\left(\begin{array}{ccc:ccc}1 & -1 & 0 & 0 & 1 & 0\\ -1 & 2 & 1 & 0 & 0 & 1\\ 2 & 2 & 3 & 1 & 0 & 0\end{array}\right)$$

（第 1 行加到第 2 行上去，第 1 行的 -2 倍加到第 3 行上去）

$$\rightarrow\left(\begin{array}{ccc:ccc}1 & -1 & 0 & 0 & 1 & 0\\ 0 & 1 & 1 & 0 & 1 & 1\\ 0 & 4 & 3 & 1 & -2 & 0\end{array}\right)$$

（第 2 行加到第 1 行上去，第 2 行的 -4 倍加到第 3 行上去）

$$\rightarrow\left(\begin{array}{ccc:ccc}1 & 0 & 1 & 0 & 2 & 1\\ 0 & 1 & 1 & 0 & 1 & 1\\ 0 & 0 & -1 & 1 & -6 & -4\end{array}\right)$$

（第 3 行分别加到第 1 行与第 2 行上去）

$$\rightarrow\left(\begin{array}{ccc:ccc}1 & 0 & 0 & 1 & -4 & -3\\ 0 & 1 & 0 & 1 & -5 & -3\\ 0 & 0 & -1 & 1 & -6 & -4\end{array}\right)$$

（第 3 行乘以 -1）

$$\rightarrow\left(\begin{array}{ccc:ccc}1 & 0 & 0 & 1 & -4 & -3\\ 0 & 1 & 0 & 1 & -5 & -3\\ 0 & 0 & 1 & -1 & 6 & 4\end{array}\right)$$

所以三阶方阵

$$\boldsymbol{A}=(\boldsymbol{A}^{-1})^{-1}=\begin{pmatrix}1 & -4 & -3\\ 1 & -5 & -3\\ -1 & 6 & 4\end{pmatrix}$$

在一定条件下，矩阵与矩阵的乘法运算能够满足消去律：如果方阵 $\boldsymbol{A}$ 可逆，从 $\boldsymbol{AB}=\boldsymbol{O}$，有 $\boldsymbol{A}^{-1}\boldsymbol{AB}=\boldsymbol{A}^{-1}\boldsymbol{O}$，即 $\boldsymbol{IB}=\boldsymbol{O}$，于是得到 $\boldsymbol{B}=\boldsymbol{O}$；如果方阵 $\boldsymbol{A}$ 可逆，从 $\boldsymbol{AB}=\boldsymbol{AC}$，有 $\boldsymbol{A}^{-1}\boldsymbol{AB}=\boldsymbol{A}^{-1}\boldsymbol{AC}$，即 $\boldsymbol{IB}=\boldsymbol{IC}$，于是得到 $\boldsymbol{B}=\boldsymbol{C}$.

考虑矩阵方程

$$\boldsymbol{AX}=\boldsymbol{B}$$

在方阵 $\boldsymbol{A}$ 可逆条件下，矩阵方程 $\boldsymbol{AX}=\boldsymbol{B}$ 等号两端皆左乘逆矩阵 $\boldsymbol{A}^{-1}$，得到它的解为

$$\boldsymbol{X}=\boldsymbol{A}^{-1}\boldsymbol{B}$$

考虑矩阵方程

$$\boldsymbol{XA}=\boldsymbol{B}$$

在方阵 $\boldsymbol{A}$ 可逆条件下，矩阵方程 $\boldsymbol{XA}=\boldsymbol{B}$ 等号两端皆右乘逆矩阵 $\boldsymbol{A}^{-1}$，得到它的解为

$$\boldsymbol{X}=\boldsymbol{BA}^{-1}$$

最后考虑由 n 个线性方程式构成的 n 元线性方程组

$$\begin{cases} a_{11}x_1+a_{12}x_2+\cdots+a_{1n}x_n=b_1 \\ a_{21}x_1+a_{22}x_2+\cdots+a_{2n}x_n=b_2 \\ \qquad\cdots\qquad\qquad\cdots \\ a_{n1}x_1+a_{n2}x_2+\cdots+a_{nn}x_n=b_n \end{cases}$$

由未知量系数构成的 n 阶方阵称为系数矩阵,记作 $\boldsymbol{A}$,即矩阵

$$\boldsymbol{A}=\begin{pmatrix} a_{11} & a_{12} & \cdots & a_{1n} \\ a_{21} & a_{22} & \cdots & a_{2n} \\ \vdots & \vdots & & \vdots \\ a_{n1} & a_{n2} & \cdots & a_{nn} \end{pmatrix}$$

由未知量构成的矩阵称为未知量矩阵,记作 $\boldsymbol{X}$;由常数项构成的矩阵称为常数项矩阵,记作 $\boldsymbol{B}$. 即矩阵

$$\boldsymbol{X}=\begin{pmatrix} x_1 \\ x_2 \\ \vdots \\ x_n \end{pmatrix} 与 \boldsymbol{B}=\begin{pmatrix} b_1 \\ b_2 \\ \vdots \\ b_n \end{pmatrix}$$

这时此线性方程组可以表示为矩阵形式

$$\boldsymbol{AX}=\boldsymbol{B}$$

如果系数行列式 $|\boldsymbol{A}|\neq 0$,即系数矩阵 $\boldsymbol{A}$ 可逆,则此线性方程组有唯一解

$$\boldsymbol{X}=\boldsymbol{A}^{-1}\boldsymbol{B}$$

这个结论与 §1.4 克莱姆法则是一致的.

例 8 已知线性方程组

$$\begin{cases} x_1+x_2-2x_3=-3 \\ 2x_1+x_2-\ x_3=1 \\ x_1-x_2+3x_3=8 \end{cases}$$

(1) 判别有无唯一解;

(2) 若有唯一解,则求唯一解.

解:写出系数矩阵 A,再写出未知量矩阵 $\boldsymbol{X}$ 与常数项矩阵 $\boldsymbol{B}$,即矩阵

$$\boldsymbol{A}=\begin{pmatrix} 1 & 1 & -2 \\ 2 & 1 & -1 \\ 1 & -1 & 3 \end{pmatrix},\boldsymbol{X}=\begin{pmatrix} x_1 \\ x_2 \\ x_3 \end{pmatrix} 及 \boldsymbol{B}=\begin{pmatrix} -3 \\ 1 \\ 8 \end{pmatrix}$$

这时此线性方程组可以表示为矩阵形式

$$\boldsymbol{AX}=\boldsymbol{B}$$

(1) 计算系数矩阵 $\boldsymbol{A}$ 的行列式即系数行列式

$$|\boldsymbol{A}|=\begin{vmatrix} 1 & 1 & -2 \\ 2 & 1 & -1 \\ 1 & -1 & 3 \end{vmatrix}=3+(-1)+4-(-2)-6-1=1\neq 0$$

说明系数矩阵 $\boldsymbol{A}$ 可逆,所以此线性方程组有唯一解.

(2) 求逆矩阵 $\boldsymbol{A}^{-1}$，为此对3行6列矩阵 $(\boldsymbol{A} \vdots \boldsymbol{I})$ 作初等行变换，使得前3列化为单位矩阵 $\boldsymbol{I}$，有

$$(\boldsymbol{A} \vdots \boldsymbol{I}) = \left(\begin{array}{ccc:ccc} 1 & 1 & -2 & 1 & 0 & 0 \\ 2 & 1 & -1 & 0 & 1 & 0 \\ 1 & -1 & 3 & 0 & 0 & 1 \end{array}\right)$$

（第1行的－2倍加到第2行上去，第1行的－1倍加到第3行上去）

$$\rightarrow \left(\begin{array}{ccc:ccc} 1 & 1 & -2 & 1 & 0 & 0 \\ 0 & -1 & 3 & -2 & 1 & 0 \\ 0 & -2 & 5 & -1 & 0 & 1 \end{array}\right)$$

（第2行加到第1行上去，第2行的－2倍加到第3行上去）

$$\rightarrow \left(\begin{array}{ccc:ccc} 1 & 0 & 1 & -1 & 1 & 0 \\ 0 & -1 & 3 & -2 & 1 & 0 \\ 0 & 0 & -1 & 3 & -2 & 1 \end{array}\right)$$

（第3行加到第1行上去，第3行的3倍加到第2行上去）

$$\rightarrow \left(\begin{array}{ccc:ccc} 1 & 0 & 0 & 2 & -1 & 1 \\ 0 & -1 & 0 & 7 & -5 & 3 \\ 0 & 0 & -1 & 3 & -2 & 1 \end{array}\right)$$

（第2行与第3行分别乘以－1）

$$\rightarrow \left(\begin{array}{ccc:ccc} 1 & 0 & 0 & 2 & -1 & 1 \\ 0 & 1 & 0 & -7 & 5 & -3 \\ 0 & 0 & 1 & -3 & 2 & -1 \end{array}\right)$$

得到系数矩阵 $\boldsymbol{A}$ 的逆矩阵

$$\boldsymbol{A}^{-1} = \begin{pmatrix} 2 & -1 & 1 \\ -7 & 5 & -3 \\ -3 & 2 & -1 \end{pmatrix}$$

所以此线性方程组的唯一解

$$\boldsymbol{X} = \boldsymbol{A}^{-1}\boldsymbol{B} = \begin{pmatrix} 2 & -1 & 1 \\ -7 & 5 & -3 \\ -3 & 2 & -1 \end{pmatrix} \begin{pmatrix} -3 \\ 1 \\ 8 \end{pmatrix} = \begin{pmatrix} 1 \\ 2 \\ 3 \end{pmatrix}$$

即有

$$\begin{cases} x_1 = 1 \\ x_2 = 2 \\ x_3 = 3 \end{cases}$$

当然，此题也可以应用行列式求解，如习题1.14，得到同样的结果.

§2.4　向量组的线性相关性

定义 2.14　由 n 个数 $a_1,a_2,\cdots,a_n$ 组成的有序数组称为 n 维向量,若将它写成一列的形式,则为 n 行 1 列矩阵,进而称其为 n 维列向量,记作

$$\boldsymbol{\alpha}=\begin{pmatrix}a_1\\a_2\\\vdots\\a_n\end{pmatrix}$$

其中 $a_i(i=1,2,\cdots,n)$ 称为 n 维列向量 $\boldsymbol{\alpha}$ 的第 i 个分量.

通常用小写黑体希腊字母表示向量,向量所含分量的个数就是向量的维数. 当然,向量也可以写成一行的形式,即 $(a_1,a_2,\cdots,a_n)$,则为 1 行 n 列矩阵,这时进而称其为 n 维行向量. 向量是特殊的矩阵,列向量与行向量是向量的两种表示形式,根据 §2.1 矩阵的转置运算,行向量可以由列向量经转置运算而得到,为讨论问题方便,本书所讨论的向量皆以列向量的形式出现.

所有分量皆为零的向量称为零向量,记作 $\boldsymbol{o}$;至少有一个分量不为零的向量称为非零向量,非零向量 $\boldsymbol{\alpha}$ 记作 $\boldsymbol{\alpha}\neq\boldsymbol{o}$.

已知向量 $\boldsymbol{\alpha},\boldsymbol{\beta}$,它们的维数相同,若对应分量皆相等,则称向量 $\boldsymbol{\alpha}$ 等于向量 $\boldsymbol{\beta}$,记作 $\boldsymbol{\alpha}=\boldsymbol{\beta}$.

一些同维数向量的集合称为向量组,给出一个向量组,其中一部分向量构成的向量组称为原向量组的部分组.

一个分量为 1,其余分量全为零的 n 维向量称为 n 维基本单位向量,共有 n 个,分别记作

$$\boldsymbol{\varepsilon}_1=\begin{pmatrix}1\\0\\\vdots\\0\end{pmatrix},\boldsymbol{\varepsilon}_2=\begin{pmatrix}0\\1\\\vdots\\0\end{pmatrix},\cdots,\boldsymbol{\varepsilon}_n=\begin{pmatrix}0\\0\\\vdots\\1\end{pmatrix}$$

并称 n 维基本单位向量 $\boldsymbol{\varepsilon}_1,\boldsymbol{\varepsilon}_2,\cdots,\boldsymbol{\varepsilon}_n$ 的集合为 n 维基本单位向量组.

已知 m 行 n 列矩阵

$$\boldsymbol{A}=\begin{pmatrix}a_{11}&a_{12}&\cdots&a_{1n}\\a_{21}&a_{22}&\cdots&a_{2n}\\\vdots&\vdots&&\vdots\\a_{m1}&a_{m2}&\cdots&a_{mn}\end{pmatrix}$$

其中每一列都是一个 m 维向量,共有 n 个,分别记作

$$\boldsymbol{\alpha}_1=\begin{pmatrix}a_{11}\\a_{21}\\\vdots\\a_{m1}\end{pmatrix},\boldsymbol{\alpha}_2=\begin{pmatrix}a_{12}\\a_{22}\\\vdots\\a_{m2}\end{pmatrix},\cdots,\boldsymbol{\alpha}_n=\begin{pmatrix}a_{1n}\\a_{2n}\\\vdots\\a_{mn}\end{pmatrix}$$

这 n 个 m 维向量的集合称为矩阵 $\boldsymbol{A}$ 的向量组，记作

$$\boldsymbol{A}=(\boldsymbol{\alpha}_1,\boldsymbol{\alpha}_2,\cdots,\boldsymbol{\alpha}_n)$$

反过来，对于 m 维向量组 $\boldsymbol{\alpha}_1,\boldsymbol{\alpha}_2,\cdots,\boldsymbol{\alpha}_n$，将它们分别作为第 1 列、第 2 列、…、第 n 列，也同样得到 m 行 n 列矩阵 $\boldsymbol{A}$. 上述讨论说明：一个矩阵对应一个向量组，而一个向量组也对应一个矩阵，即矩阵与向量组一一对应.

根据矩阵与矩阵的加、减法及数与矩阵的乘法运算，得到向量与向量的加、减法及数与向量的乘法运算.

向量与向量的加、减法及数与向量的乘法运算构成向量的线性运算. 一组数与向量组中对应向量乘积之和称为此向量组的线性组合，这组数称为线性组合的系数.

定义 2.15　已知向量组 $\boldsymbol{\alpha}_1,\boldsymbol{\alpha}_2,\cdots,\boldsymbol{\alpha}_n$，若存在一组不全为零的数 $k_1,k_2,\cdots,k_n$，使得向量组 $\boldsymbol{\alpha}_1,\boldsymbol{\alpha}_2,\cdots,\boldsymbol{\alpha}_n$ 的线性组合等于零向量，即线性组合

$$k_1\boldsymbol{\alpha}_1+k_2\boldsymbol{\alpha}_2+\cdots+k_n\boldsymbol{\alpha}_n=\boldsymbol{o}$$

则称向量组 $\boldsymbol{\alpha}_1,\boldsymbol{\alpha}_2,\cdots,\boldsymbol{\alpha}_n$ 线性相关；若仅当线性组合系数 $k_1=k_2=\cdots=k_n=0$ 时，才能使得线性组合

$$k_1\boldsymbol{\alpha}_1+k_2\boldsymbol{\alpha}_2+\cdots+k_n\boldsymbol{\alpha}_n=\boldsymbol{o}$$

则称向量组 $\boldsymbol{\alpha}_1,\boldsymbol{\alpha}_2,\cdots,\boldsymbol{\alpha}_n$ 线性无关.

给出向量组 $\boldsymbol{\alpha}_1,\boldsymbol{\alpha}_2,\cdots,\boldsymbol{\alpha}_n$，如何判别此向量组是线性相关，还是线性无关？关键在于能否找到一组不全为零的数 $k_1,k_2,\cdots,k_n$，使得关系式

$$k_1\boldsymbol{\alpha}_1+k_2\boldsymbol{\alpha}_2+\cdots+k_n\boldsymbol{\alpha}_n=\boldsymbol{o}$$

成立，如果能找到一组不全为零的数 $k_1,k_2,\cdots,k_n$，使得上述关系式成立，则向量组 $\boldsymbol{\alpha}_1,\boldsymbol{\alpha}_2,\cdots,\boldsymbol{\alpha}_n$ 线性相关；如果使得上述关系式成立的数 $k_1,k_2,\cdots,k_n$ 只能是全为零，则向量组 $\boldsymbol{\alpha}_1,\boldsymbol{\alpha}_2\cdots,\boldsymbol{\alpha}_n$ 线性无关. 上述关系式可以看成是线性组合系数 $k_1,k_2,\cdots,k_n$ 为未知量的齐次线性方程组，如果此齐次线性方程组有非零解，则向量组 $\boldsymbol{\alpha}_1,\boldsymbol{\alpha}_2,\cdots,\boldsymbol{\alpha}_n$ 线性相关；如果此齐次线性方程组仅有零解，则向量组 $\boldsymbol{\alpha}_1,\boldsymbol{\alpha}_2,\cdots,\boldsymbol{\alpha}_n$ 线性无关.

考虑只含单个向量的向量组 $\boldsymbol{\alpha}$，如果向量 $\boldsymbol{\alpha}$ 为零向量即 $\boldsymbol{\alpha}=\boldsymbol{o}$，这时由于齐次线性方程组

$$k\boldsymbol{\alpha}=\boldsymbol{o}$$

有非零解 $k=1$，所以得到结论：单个零向量 $\boldsymbol{\alpha}=\boldsymbol{o}$ 线性相关；如果向量 $\boldsymbol{\alpha}$ 为非零向量即 $\boldsymbol{\alpha}\neq\boldsymbol{o}$，这时由于齐次线性方程组

$$k\boldsymbol{\alpha}=\boldsymbol{o}$$

仅有零解 $k=0$，所以得到结论：单个非零向量 $\boldsymbol{\alpha}\neq\boldsymbol{o}$ 线性无关.

考虑只含两个向量的向量组 $\boldsymbol{\alpha}_1,\boldsymbol{\alpha}_2$，如果向量 $\boldsymbol{\alpha}_1$ 与 $\boldsymbol{\alpha}_2$ 对应分量成比例即 $\boldsymbol{\alpha}_1=\lambda\boldsymbol{\alpha}_2$，这时由于齐次线性方程组

$$k_1\boldsymbol{\alpha}_1+k_2\boldsymbol{\alpha}_2=\boldsymbol{o}$$

有非零解

$$\begin{cases}k_1=1\\k_2=-\lambda\end{cases}$$

所以得到结论：对应分量成比例的向量组 $\boldsymbol{\alpha}_1,\boldsymbol{\alpha}_2$ 线性相关；如果向量 $\boldsymbol{\alpha}_1$ 与 $\boldsymbol{\alpha}_2$ 对应分量不成比例，这时齐次线性方程组

$$k_1\boldsymbol{\alpha}_1+k_2\boldsymbol{\alpha}_2=\boldsymbol{o}$$

不可能有非零解，因为若有非零解，不妨假设 $k_1\neq 0$，则得到关系式 $\boldsymbol{\alpha}_1=-\dfrac{k_2}{k_1}\boldsymbol{\alpha}_2$，说明向量 $\boldsymbol{\alpha}_1$ 与 $\boldsymbol{\alpha}_2$ 对应分量成比例，得到矛盾的结果，从而上述齐次线性方程组仅有零解 $k_1=k_2=0$，所以得到结论：对应分量不成比例的向量组 $\boldsymbol{\alpha}_1,\boldsymbol{\alpha}_2$ 线性无关.

例 1 填空题

设向量组

$$\boldsymbol{\alpha}_1=\begin{pmatrix}a\\1\end{pmatrix},\boldsymbol{\alpha}_2=\begin{pmatrix}4\\a\end{pmatrix}$$

当分量 $a=$ ______时，向量组 $\boldsymbol{\alpha}_1,\boldsymbol{\alpha}_2$ 线性相关.

解：当向量 $\boldsymbol{\alpha}_1$ 与 $\boldsymbol{\alpha}_2$ 对应分量成比例即 $a:4=1:a$ 时，向量组 $\boldsymbol{\alpha}_1,\boldsymbol{\alpha}_2$ 线性相关，这时有 $a^2=4$，得到分量

$$a=-2 \text{ 或 } a=2$$

于是应将“$a=-2$ 或 $a=2$”直接填在空内.

考虑含零向量的任何向量组 $\boldsymbol{\alpha}_1,\cdots,\boldsymbol{\alpha}_l,\cdots,\boldsymbol{\alpha}_n$，其中向量 $\boldsymbol{\alpha}_l$ 为零向量即 $\boldsymbol{\alpha}_l=\boldsymbol{o}$ $(1\leqslant l\leqslant n)$，由于齐次线性方程组

$$k_1\boldsymbol{\alpha}_1+\cdots+k_l\boldsymbol{\alpha}_l+\cdots+k_n\boldsymbol{\alpha}_n=\boldsymbol{o}$$

有非零解

$$\begin{cases}k_1=0\\ \cdots\\ k_l=1\\ \cdots\\ k_n=0\end{cases}$$

所以得到结论：含零向量的任何向量组 $\boldsymbol{\alpha}_1,\cdots,\boldsymbol{\alpha}_l,\cdots,\boldsymbol{\alpha}_n$ $(\boldsymbol{\alpha}_l=\boldsymbol{o})$ 线性相关.

考虑 n 维基本单位向量组

$$\boldsymbol{\varepsilon}_1=\begin{pmatrix}1\\0\\\vdots\\0\end{pmatrix},\boldsymbol{\varepsilon}_2=\begin{pmatrix}0\\1\\\vdots\\0\end{pmatrix},\cdots,\boldsymbol{\varepsilon}_n=\begin{pmatrix}0\\0\\\vdots\\1\end{pmatrix}$$

由于齐次线性方程组

$$k_1\boldsymbol{\varepsilon}_1+k_2\boldsymbol{\varepsilon}_2+\cdots+k_n\boldsymbol{\varepsilon}_n=\boldsymbol{o}$$

即齐次线性方程组

$$k_1\begin{pmatrix}1\\0\\\vdots\\0\end{pmatrix}+k_2\begin{pmatrix}0\\1\\\vdots\\0\end{pmatrix}+\cdots+k_n\begin{pmatrix}0\\0\\\vdots\\1\end{pmatrix}=\begin{pmatrix}0\\0\\\vdots\\0\end{pmatrix}$$

仅有零解 $k_1=k_2=\cdots=k_n=0$，所以得到结论：n 维基本单位向量组 $\boldsymbol{\varepsilon}_1,\boldsymbol{\varepsilon}_2,\cdots,\boldsymbol{\varepsilon}_n$ 线性无关.

例 2　若向量组 $\boldsymbol{\alpha},\boldsymbol{\beta},\boldsymbol{\gamma}$ 线性无关,问向量组 $\boldsymbol{\alpha}+\boldsymbol{\beta},\boldsymbol{\beta}+\boldsymbol{\gamma},\boldsymbol{\gamma}+\boldsymbol{\alpha}$ 是否也线性无关?

解:判别向量组 $\boldsymbol{\alpha}+\boldsymbol{\beta},\boldsymbol{\beta}+\boldsymbol{\gamma},\boldsymbol{\gamma}+\boldsymbol{\alpha}$ 是否线性无关,归结为判别线性组合系数 k_1,k_2,k_3 为未知量的齐次线性方程组

$$k_1(\boldsymbol{\alpha}+\boldsymbol{\beta})+k_2(\boldsymbol{\beta}+\boldsymbol{\gamma})+k_3(\boldsymbol{\gamma}+\boldsymbol{\alpha})=\boldsymbol{o}$$

是否仅有零解.此齐次线性方程组经向量的线性运算化为

$$(k_1+k_3)\boldsymbol{\alpha}+(k_1+k_2)\boldsymbol{\beta}+(k_2+k_3)\boldsymbol{\gamma}=\boldsymbol{o}$$

由于向量组 $\boldsymbol{\alpha},\boldsymbol{\beta},\boldsymbol{\gamma}$ 线性无关,从而上述线性组合系数 k_1+k_3,k_1+k_2,k_2+k_3 为未知量的齐次线性方程组仅有零解 $k_1+k_3=k_1+k_2=k_2+k_3=0$,说明原线性组合系数 k_1,k_2,k_3 满足齐次线性方程组

$$\begin{cases}k_1 \quad\quad +k_3=0\\ k_1+k_2 \quad\quad =0\\ \quad\quad k_2+k_3=0\end{cases}$$

注意到系数行列式

$$D=\begin{vmatrix}1&0&1\\1&1&0\\0&1&1\end{vmatrix}=1+0+1-0-0-0=2\neq 0$$

根据 §1.4 克莱姆法则,因此上述齐次线性方程组仅有零解 $k_1=k_2=k_3=0$,所以向量组 $\boldsymbol{\alpha}+\boldsymbol{\beta},\boldsymbol{\beta}+\boldsymbol{\gamma},\boldsymbol{\gamma}+\boldsymbol{\alpha}$ 也线性无关.

考虑 m 维向量组 $\boldsymbol{\alpha}_1,\boldsymbol{\alpha}_2,\cdots,\boldsymbol{\alpha}_n$,在每个向量第一个分量上面皆添加 l 个分量,得到 $m+l$ 维向量组 $\boldsymbol{\alpha}'_1,\boldsymbol{\alpha}'_2,\cdots,\boldsymbol{\alpha}'_n$. 如果向量组 $\boldsymbol{\alpha}_1,\boldsymbol{\alpha}_2,\cdots,\boldsymbol{\alpha}_n$ 线性无关,意味着由 m 个齐次线性方程式构成的 n 元齐次线性方程组

$$k_1\boldsymbol{\alpha}_1+k_2\boldsymbol{\alpha}_2+\cdots+k_n\boldsymbol{\alpha}_n=\boldsymbol{o}$$

仅有零解 $k_1=k_2=\cdots=k_n=0$,注意到上述 m 个齐次线性方程式是 n 元齐次线性方程组

$$k_1\boldsymbol{\alpha}'_1+k_2\boldsymbol{\alpha}'_2+\cdots+k_n\boldsymbol{\alpha}'_n=\boldsymbol{o}$$

中 $m+l$ 个齐次线性方程式的后 m 个,从而使得这由 $m+l$ 个齐次线性方程式构成的 n 元齐次线性方程组也仅有零解 $k_1=k_2=\cdots=k_n=0$,所以 $m+l$ 维向量组 $\boldsymbol{\alpha}'_1,\boldsymbol{\alpha}'_2,\cdots,\boldsymbol{\alpha}'_n$ 也线性无关.一般地,有下面的定理.

定理 2.3　如果所给向量组线性无关,则在每个向量对应分量位置处皆添加相同个数分量所得到的向量组也线性无关.

考虑向量组 $\boldsymbol{\alpha}_1,\cdots,\boldsymbol{\alpha}_l,\boldsymbol{\alpha}_{l+1},\cdots,\boldsymbol{\alpha}_n(1\leqslant l\leqslant n)$,如果部分组 $\boldsymbol{\alpha}_1,\cdots,\boldsymbol{\alpha}_l$ 线性相关,意味着齐次线性方程组

$$k_1\boldsymbol{\alpha}_1+\cdots+k_l\boldsymbol{\alpha}_l=\boldsymbol{o}$$

有非零解

$$\begin{cases}k_1=k_{10}\\ \quad\cdots\\ k_l=k_{l0}\end{cases}\quad(k_{10},\cdots,k_{l0}\text{ 不全为零})$$

因而齐次线性方程组

$$k_1\boldsymbol{\alpha}_1+\cdots+k_l\boldsymbol{\alpha}_l+k_{l+1}\boldsymbol{\alpha}_{l+1}+\cdots+k_n\boldsymbol{\alpha}_n=\boldsymbol{o}$$

也有非零解

$$\begin{cases}k_1=k_{10}\\ \quad\cdots\\ k_l=k_{l0}\\ k_{l+1}=0\\ \quad\cdots\\ k_n=0\end{cases}\quad(k_{10},\cdots,k_{l0}\text{ 不全为零})$$

所以原向量组 $\boldsymbol{\alpha}_1,\cdots,\boldsymbol{\alpha}_l,\boldsymbol{\alpha}_{l+1},\cdots,\boldsymbol{\alpha}_n$ 也线性相关. 再依据逻辑推理可以得到:如果原向量组 $\boldsymbol{\alpha}_1,\cdots,\boldsymbol{\alpha}_l,\boldsymbol{\alpha}_{l+1},\cdots,\boldsymbol{\alpha}_n$ 非线性相关即线性无关,则部分组 $\boldsymbol{\alpha}_1,\cdots,\boldsymbol{\alpha}_l$ 也非线性相关即线性无关. 根据上述讨论,有下面的定理.

定理 2.4 如果某个部分组线性相关,则原向量组也线性相关;如果原向量组线性无关,则它的任何一个部分组也线性无关.

值得注意的是:仅从向量组线性相关不能得到其部分组也线性相关,如由非零向量 $\boldsymbol{\alpha}$ 与 $2\boldsymbol{\alpha}$ 构成的向量组 $\boldsymbol{\alpha},2\boldsymbol{\alpha}$ 显然线性相关,但部分组 $\boldsymbol{\alpha}$ 却线性无关.

例 3 填空题

已知向量组

$$\boldsymbol{\alpha}_1=\begin{pmatrix}1\\2\\3\\4\end{pmatrix},\boldsymbol{\alpha}_2=\begin{pmatrix}2\\4\\6\\8\end{pmatrix},\boldsymbol{\alpha}_3=\begin{pmatrix}3\\5\\7\\9\end{pmatrix}$$

则向量组 $\boldsymbol{\alpha}_1,\boldsymbol{\alpha}_2,\boldsymbol{\alpha}_3$ 的线性相关性是______.

解:注意到向量 $\boldsymbol{\alpha}_1$ 与 $\boldsymbol{\alpha}_2$ 对应分量成比例,从而部分组 $\boldsymbol{\alpha}_1,\boldsymbol{\alpha}_2$ 线性相关. 根据定理 2.4,因此原向量组 $\boldsymbol{\alpha}_1,\boldsymbol{\alpha}_2,\boldsymbol{\alpha}_3$ 线性相关,于是应将“线性相关”直接填在空内.

判别向量组 $\boldsymbol{\alpha}_1,\boldsymbol{\alpha}_2,\cdots,\boldsymbol{\alpha}_n$ 的线性相关性,关键在于判别齐次线性方程组

$$k_1\boldsymbol{\alpha}_1+k_2\boldsymbol{\alpha}_2+\cdots+k_n\boldsymbol{\alpha}_n=\boldsymbol{o}$$

有无非零解,当向量组中向量的维数等于向量的个数时. 根据 §1.4 定理 1.3,有下面的定理.

定理 2.5 已知 n 维向量组 $\boldsymbol{\alpha}_1,\boldsymbol{\alpha}_2,\cdots,\boldsymbol{\alpha}_n$,设矩阵 $\boldsymbol{A}=(\boldsymbol{\alpha}_1,\boldsymbol{\alpha}_2,\cdots,\boldsymbol{\alpha}_n)$,则 n 维向量组 $\boldsymbol{\alpha}_1,\boldsymbol{\alpha}_2,\cdots,\boldsymbol{\alpha}_n$ 线性相关等价于行列式 $|\boldsymbol{A}|=0$;n 维向量组 $\boldsymbol{\alpha}_1,\boldsymbol{\alpha}_2,\cdots,\boldsymbol{\alpha}_n$ 线性无关等价于行列式 $|\boldsymbol{A}|\neq 0$.

例 4 已知向量组

$$\boldsymbol{\alpha}_1=\begin{pmatrix}1\\0\\-1\end{pmatrix},\boldsymbol{\alpha}_2=\begin{pmatrix}-2\\2\\0\end{pmatrix},\boldsymbol{\alpha}_3=\begin{pmatrix}4\\-5\\2\end{pmatrix}$$

判别向量组 $\boldsymbol{\alpha}_1,\boldsymbol{\alpha}_2,\boldsymbol{\alpha}_3$ 的线性相关性.

解:注意到所给向量组 $\boldsymbol{\alpha}_1,\boldsymbol{\alpha}_2,\boldsymbol{\alpha}_3$ 中向量的维数等于向量的个数,皆为 3,因此计算矩阵 $\boldsymbol{A}=(\boldsymbol{\alpha}_1,\boldsymbol{\alpha}_2,\boldsymbol{\alpha}_3)$ 的行列式 $|\boldsymbol{A}|$,有

$$|\boldsymbol{A}|=\begin{vmatrix}1&-2&4\\0&2&-5\\-1&0&2\end{vmatrix}=4+(-10)+0-(-8)-0-0=2\neq 0$$

根据定理2.5,所以向量组 $\boldsymbol{\alpha}_1,\boldsymbol{\alpha}_2,\boldsymbol{\alpha}_3$ 线性无关.

例5　单项选择题

设向量组

$$\boldsymbol{\alpha}=\begin{pmatrix}\lambda\\2\\3\end{pmatrix},\boldsymbol{\beta}=\begin{pmatrix}2\\1\\0\end{pmatrix},\boldsymbol{\gamma}=\begin{pmatrix}\lambda\\1\\1\end{pmatrix}$$

若向量组 $\boldsymbol{\alpha},\boldsymbol{\beta},\boldsymbol{\gamma}$ 线性相关,则分量 $\lambda=$(　　).

(a)0　　　　(b)1

(c)2　　　　(d)3

解:注意到所给向量组 $\boldsymbol{\alpha},\boldsymbol{\beta},\boldsymbol{\gamma}$ 中向量的维数等于向量的个数,皆为3,因此计算矩阵 $\boldsymbol{A}=(\boldsymbol{\alpha},\boldsymbol{\beta},\boldsymbol{\gamma})$ 的行列式 $|\boldsymbol{A}|$,有

$$|\boldsymbol{A}|=\begin{vmatrix}\lambda&2&\lambda\\2&1&1\\3&0&1\end{vmatrix}=\lambda+6+0-3\lambda-4-0=-2\lambda+2$$

由于向量组 $\boldsymbol{\alpha},\boldsymbol{\beta},\boldsymbol{\gamma}$ 线性相关,根据定理2.5,因而行列式 $|\boldsymbol{A}|=0$ 即 $-2\lambda+2=0$,得到分量

$$\lambda=1$$

这个正确答案恰好就是备选答案(b),所以选择(b).

习题二

2.01　求下列矩阵的代数和:

(1) $\begin{pmatrix}1&2&3\\0&-1&4\end{pmatrix}+\begin{pmatrix}2&-2&4\\5&1&-3\end{pmatrix}$　　(2) $2\begin{pmatrix}1&1&1\\2&2&2\\3&3&3\end{pmatrix}-3\begin{pmatrix}1&2&3\\3&1&2\\2&3&1\end{pmatrix}$

2.02　求下列矩阵与矩阵的积:

(1) $\begin{pmatrix}1&1\\0&0\end{pmatrix}\begin{pmatrix}0&3\\0&4\end{pmatrix}$　　(2) $\begin{pmatrix}0&3\\0&4\end{pmatrix}\begin{pmatrix}1&1\\0&0\end{pmatrix}$

2.03　求下列矩阵与矩阵的积:

(1) $(1\quad 2)\begin{pmatrix}1&2&-3&-4\\2&3&4&5\end{pmatrix}$　　(2) $\begin{pmatrix}1&2&-1\\0&1&2\\3&0&4\end{pmatrix}\begin{pmatrix}-1\\2\\5\end{pmatrix}$

(3) $\begin{pmatrix}1&-2\\3&1\\0&-1\end{pmatrix}\begin{pmatrix}1&2&1\\-2&1&3\end{pmatrix}$　　(4) $\begin{pmatrix}1&0&-2\\0&1&3\end{pmatrix}\begin{pmatrix}0&2&-1&3\\1&0&4&0\\0&3&-2&4\end{pmatrix}$

2.04　已知矩阵 $\boldsymbol{A}=\begin{pmatrix}0&1&2\\3&2&1\end{pmatrix}$，$\boldsymbol{B}=\begin{pmatrix}4&5\\-3&2\\1&-4\end{pmatrix}$及 $\boldsymbol{C}=\begin{pmatrix}1&-1\\2&-2\end{pmatrix}$，求和$\boldsymbol{AB}+2\boldsymbol{C}$.

2.05　已知矩阵 $\boldsymbol{A}=\begin{pmatrix}4&3\\2&-1\end{pmatrix}$，$\boldsymbol{B}=\begin{pmatrix}2&-3\\1&4\end{pmatrix}$及 $\boldsymbol{C}=\begin{pmatrix}1&1\\1&1\end{pmatrix}$，求差$\boldsymbol{A}^{\mathrm{T}}\boldsymbol{B}-3\boldsymbol{C}$.

2.06　求下列矩阵的秩：

(1) $\boldsymbol{A}=\begin{pmatrix}1&0&3&2&-1\\4&2&2&1&4\end{pmatrix}$　　(2) $\boldsymbol{A}=\begin{pmatrix}1&2&3&4\\1&-2&4&5\\1&10&1&2\end{pmatrix}$

(3) $\boldsymbol{A}=\begin{pmatrix}1&2&3&4&5\\-1&-2&-3&-3&-4\\1&3&3&3&4\\2&2&2&2&3\end{pmatrix}$　　(4) $\boldsymbol{A}=\begin{pmatrix}1&0&0&1&4\\0&1&0&2&5\\0&0&1&3&6\\1&2&3&14&32\end{pmatrix}$

2.07　已知矩阵

$$\boldsymbol{A}=\begin{pmatrix}1&2&-1&3&4\\1&3&4&6&5\\2&5&3&9&k\end{pmatrix}$$

若秩 $\mathrm{r}(\boldsymbol{A})=2$，求元素 k 的值.

2.08　求下列方阵的幂：

(1) $\begin{pmatrix}1&1&1\\0&1&1\\0&0&1\end{pmatrix}^2$　　(2) $\begin{pmatrix}a&0&0\\0&b&0\\0&0&c\end{pmatrix}^2$

2.09　已知二阶方阵 $\boldsymbol{A}=\begin{pmatrix}2&5\\1&3\end{pmatrix}$，$\boldsymbol{I}=\begin{pmatrix}1&0\\0&1\end{pmatrix}$，求代数和 $2\boldsymbol{A}^2-4\boldsymbol{A}^{\mathrm{T}}+5\boldsymbol{I}$.

2.10　已知方阵 $\boldsymbol{A}$ 为四阶方阵，且行列式 $|\boldsymbol{A}|=2$，求下列行列式的值：

(1) $|-\boldsymbol{A}|$　　(2) $|2\boldsymbol{A}|$

(3) $|\boldsymbol{A}\boldsymbol{A}^{\mathrm{T}}|$　　(4) $|\boldsymbol{A}^2|$

2.11　判别下列二阶方阵 $\boldsymbol{A}$ 是否可逆，若可逆，则求逆矩阵 $\boldsymbol{A}^{-1}$：

(1)$\boldsymbol{A}=\begin{pmatrix}1&2\\3&4\end{pmatrix}$　　(2)$\boldsymbol{A}=\begin{pmatrix}2&3\\4&6\end{pmatrix}$

2.12　判别下列三阶方阵 $\boldsymbol{A}$ 是否可逆，若可逆，则求逆矩阵 $\boldsymbol{A}^{-1}$：

(1)$\boldsymbol{A}=\begin{pmatrix}1&0&0\\1&2&0\\1&2&3\end{pmatrix}$　　(2)$\boldsymbol{A}=\begin{pmatrix}1&-2&-1\\0&-1&0\\0&2&1\end{pmatrix}$

(3)$\boldsymbol{A}=\begin{pmatrix}1&0&-2\\-1&2&2\\-1&0&3\end{pmatrix}$　　(4) $\boldsymbol{A}=\begin{pmatrix}4&-3&2\\-3&3&-2\\1&-1&1\end{pmatrix}$

2.13　已知三阶方阵 $\boldsymbol{A}$ 的逆矩阵

$$\boldsymbol{A}^{-1}=\begin{pmatrix}1&-1&2\\2&-3&3\\4&-4&7\end{pmatrix}$$

求三阶方阵 $\boldsymbol{A}$.

2.14　已知线性方程组

$$\begin{cases}x_1+\ x_2+\ x_3=3\\x_1+2x_2+2x_3=5\\2x_1+2x_2+3x_3=7\end{cases}$$

(1) 判别有无唯一解；

(2) 若有唯一解，则求唯一解.

2.15　若向量组 $\boldsymbol{\alpha},\boldsymbol{\beta},\boldsymbol{\gamma}$ 线性无关，问向量组 $\boldsymbol{\alpha},\boldsymbol{\alpha}+\boldsymbol{\beta},\boldsymbol{\alpha}+\boldsymbol{\beta}+\boldsymbol{\gamma}$ 是否也线性无关?

2.16　已知向量组

$$\boldsymbol{\alpha}_1=\begin{pmatrix}1\\-1\\2\end{pmatrix},\boldsymbol{\alpha}_2=\begin{pmatrix}1\\2\\-1\end{pmatrix},\boldsymbol{\alpha}_3=\begin{pmatrix}2\\1\\1\end{pmatrix}$$

判别向量组 $\boldsymbol{\alpha}_1,\boldsymbol{\alpha}_2,\boldsymbol{\alpha}_3$ 的线性相关性.

2.17　填空题

(1) 若矩阵 $\boldsymbol{A}$ 与 $\boldsymbol{B}$ 的积 $\boldsymbol{AB}$ 为 3 行 4 列矩阵，则矩阵 $\boldsymbol{A}$ 的行数是______.

(2) 若矩阵 $\boldsymbol{A}=\begin{pmatrix}1&-4&2\\-1&4&-2\end{pmatrix}$，$\boldsymbol{B}=\begin{pmatrix}1&2\\-1&3\\5&-2\end{pmatrix}$，则积 $\boldsymbol{C}=\boldsymbol{AB}$ 第 2 行第 1 列的元素 $c_{21}=$______.

(3) 若矩阵 $\boldsymbol{A}=\begin{pmatrix}1&0&0&0&0\\0&0&1&0&0\\0&1&0&1&1\end{pmatrix}$，则矩阵 $\boldsymbol{A}$ 的转置矩阵 $\boldsymbol{A}^{\mathrm{T}}$ 的秩 $\mathrm{r}(\boldsymbol{A}^{\mathrm{T}})=$______.

(4) 幂 $\begin{pmatrix}1&\lambda\\0&1\end{pmatrix}^2=$______.

(5) 若 n 阶方阵 $\boldsymbol{A}$ 的行列式 $|\boldsymbol{A}|=2$，n 阶方阵 $\boldsymbol{B}$ 的行列式 $|\boldsymbol{B}|=4$，则积 $\boldsymbol{AB}$ 的行列式 $|\boldsymbol{AB}|=$______.

(6) 若三阶方阵 $\boldsymbol{A}$ 的逆矩阵 $\boldsymbol{A}^{-1}=\begin{pmatrix}1&2&3\\3&1&2\\2&3&1\end{pmatrix}$，则三阶方阵 $\boldsymbol{A}$ 的转置矩阵 $\boldsymbol{A}^{\mathrm{T}}$ 的逆矩阵 $(\boldsymbol{A}^{\mathrm{T}})^{-1}=$______.

(7) 已知方阵 $\boldsymbol{A},\boldsymbol{B},\boldsymbol{C}$ 皆为 n 阶方阵，若 n 阶方阵 $\boldsymbol{A},\boldsymbol{B}$ 皆可逆，则矩阵方程 $\boldsymbol{AXB}=\boldsymbol{C}$ 的解 $\boldsymbol{X}=$______.

(8) 向量组 $\boldsymbol{\alpha}_1=\begin{pmatrix}2\\4\\1\end{pmatrix}$，$\boldsymbol{\alpha}_2=\begin{pmatrix}4\\8\\2\end{pmatrix}$ 的线性相关性是______.

2.18　单项选择题

(1) 已知矩阵 $\boldsymbol{A}=\begin{pmatrix}a_{11}&a_{12}&a_{13}\\a_{21}&a_{22}&a_{23}\end{pmatrix}$,则下列矩阵中(　　)能乘在矩阵 $\boldsymbol{A}$ 的右边.

(a) $\begin{pmatrix}b_1\\b_2\\b_3\end{pmatrix}$　　(b) $(b_1\quad b_2\quad b_3)$

(c) $\begin{pmatrix}b_{11}&b_{12}&b_{13}\\b_{21}&b_{22}&b_{23}\end{pmatrix}$　　(d) $\begin{pmatrix}b_{11}&b_{12}\\b_{21}&b_{22}\end{pmatrix}$

(2) 已知矩阵 $\boldsymbol{A}=(1\quad 2\quad 3\quad 4)$,$\boldsymbol{B}=(1\quad 2\quad 3)$,则使得和 $\boldsymbol{A}^{\mathrm{T}}\boldsymbol{B}+\boldsymbol{C}$ 有意义的矩阵 $\boldsymbol{C}$ 是(　　)矩阵.

(a)1 行 3 列　　(b)3 行 1 列

(c)3 行 4 列　　(d)4 行 3 列

(3) 若方阵 $\boldsymbol{A},\boldsymbol{B},\boldsymbol{C}$ 皆为 n 阶方阵,则下列关系式中(　　)非恒成立.

(a)$\boldsymbol{A}+\boldsymbol{B}=\boldsymbol{B}+\boldsymbol{A}$　　(b)$(\boldsymbol{A}+\boldsymbol{B})+\boldsymbol{C}=\boldsymbol{A}+(\boldsymbol{B}+\boldsymbol{C})$

(c)$\boldsymbol{AB}=\boldsymbol{BA}$　　(d)$(\boldsymbol{AB})\boldsymbol{C}=\boldsymbol{A}(\boldsymbol{BC})$

(4) 已知矩阵 $\boldsymbol{A}=\begin{pmatrix}1&1&1\\2&1&1\\3&2&x+1\end{pmatrix}$,若矩阵 $\boldsymbol{A}$ 的秩 $\mathrm{r}(\boldsymbol{A})=2$,则数 $x=$(　　).

(a)0　　(b)1

(c)2　　(d)3

(5) 若方阵 $\boldsymbol{A},\boldsymbol{B}$ 皆为 n 阶方阵,则关系式 $(\boldsymbol{A}+\boldsymbol{B})(\boldsymbol{A}-\boldsymbol{B})=$(　　)恒成立.

(a)$(\boldsymbol{A}-\boldsymbol{B})(\boldsymbol{A}+\boldsymbol{B})$　　(b)$\boldsymbol{A}^2-\boldsymbol{B}^2$

(c)$\boldsymbol{A}^2+\boldsymbol{AB}-\boldsymbol{BA}-\boldsymbol{B}^2$　　(d)$\boldsymbol{A}^2-\boldsymbol{AB}+\boldsymbol{BA}-\boldsymbol{B}^2$

(6) 已知 n 阶方阵 $\boldsymbol{A}$ 可逆,且 n 阶方阵 $\boldsymbol{B}=3\boldsymbol{A}$,则 n 阶方阵 $\boldsymbol{B}$ 的逆矩阵 $\boldsymbol{B}^{-1}=$(　　).

(a)$-3\boldsymbol{A}^{-1}$　　(b)$3\boldsymbol{A}^{-1}$

(c)$-\dfrac{1}{3}\boldsymbol{A}^{-1}$　　(d)$\dfrac{1}{3}\boldsymbol{A}^{-1}$

(7) 若方阵 $\boldsymbol{A},\boldsymbol{B}$ 皆为 n 阶方阵,且 n 阶方阵 $\boldsymbol{A}$ 可逆,则下列关系式中(　　)非恒成立.

(a)$(\boldsymbol{AB})^2=\boldsymbol{A}^2\boldsymbol{B}^2$　　(b)$|\boldsymbol{AB}|=|\boldsymbol{A}||\boldsymbol{B}|$

(c)$(\boldsymbol{A}^{-1})^{-1}=\boldsymbol{A}$　　(d)$(\boldsymbol{A}^{\mathrm{T}})^{-1}=(\boldsymbol{A}^{-1})^{\mathrm{T}}$

(8) 设向量组

$$\boldsymbol{\alpha}_1=\begin{pmatrix}1\\0\\1\end{pmatrix},\boldsymbol{\alpha}_2\begin{pmatrix}1\\1\\0\end{pmatrix},\boldsymbol{\alpha}_3=\begin{pmatrix}2\\3\\\lambda\end{pmatrix}$$

若向量组 $\boldsymbol{\alpha}_1,\boldsymbol{\alpha}_2,\boldsymbol{\alpha}_3$ 线性相关,则分量 $\lambda=$______.

(a)-2　　(b)2

(c)-1　　(d)1

第三章 线性方程组

§3.1 线性方程组的一般解法与解的判别

考虑由 m 个线性方程式构成的 n 元线性方程组

$$\begin{cases} a_{11}x_1 + a_{12}x_2 + \cdots + a_{1n}x_n = b_1 \\ a_{21}x_1 + a_{22}x_2 + \cdots + a_{2n}x_n = b_2 \\ \qquad \cdots \qquad\qquad \cdots \\ a_{m1}x_1 + a_{m2}x_2 + \cdots + a_{mn}x_n = b_m \end{cases}$$

由未知量系数构成的 m 行 n 列矩阵称为系数矩阵，记作 $\boldsymbol{A}$，即矩阵

$$\boldsymbol{A} = \begin{pmatrix} a_{11} & a_{12} & \cdots & a_{1n} \\ a_{21} & a_{22} & \cdots & a_{2n} \\ \vdots & \vdots & & \vdots \\ a_{m1} & a_{m2} & \cdots & a_{mn} \end{pmatrix}$$

由未知量构成的矩阵称为未知量矩阵，记作 $\boldsymbol{X}$；由常数项构成的矩阵称为常数项矩阵，记作 $\boldsymbol{B}$. 即矩阵

$$\boldsymbol{X} = \begin{pmatrix} x_1 \\ x_2 \\ \vdots \\ x_n \end{pmatrix} \text{ 与 } \boldsymbol{B} = \begin{pmatrix} b_1 \\ b_2 \\ \vdots \\ b_m \end{pmatrix}$$

这时此线性方程组可以表示为矩阵形式

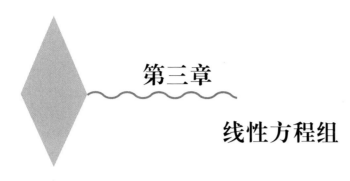

$$AX = B$$

显然,线性方程组解的情况取决于未知量系数与常数项.

定义 3.1 已知由 m 个线性方程式构成的 n 元线性方程组 $AX = B$,由未知量系数与常数项构成的 m 行 $n+1$ 列矩阵称为增广矩阵,记作

$$\bar{A} = \left(\begin{array}{cccc|c} a_{11} & a_{12} & \cdots & a_{1n} & b_1 \\ a_{21} & a_{22} & \cdots & a_{2n} & b_2 \\ \vdots & \vdots & & \vdots & \vdots \\ a_{m1} & a_{m2} & \cdots & a_{mn} & b_m \end{array}\right)$$

解线性方程组最常用的方法是消元法,即对线性方程组作同解变换.

定义 3.2 对线性方程组施以下列三种变换:

(1) 交换线性方程组的任意两个线性方程式

(2) 线性方程组的任意一个线性方程式乘以非零常数 k

(3) 线性方程组任意一个线性方程式的常数 k 倍加到另外一个线性方程式上去

称为线性方程组的同解变换.

对线性方程组作同解变换,只是使得未知量系数与常数项改变,而未知量记号不会改变.因此在求解过程中,不必写出未知量记号,而只需写出由未知量系数与常数项构成的增广矩阵,它代表线性方程组.求解过程可以表示为矩阵形式.

容易知道:交换线性方程组的任意两个线性方程式,意味着交换增广矩阵的相应两行;线性方程组的任意一个线性方程式乘以非零常数 k,意味着增广矩阵的相应一行乘以非零常数 k;线性方程组任意一个线性方程式的常数 k 倍加到另外一个线性方程式上去,意味着增广矩阵相应一行的常数 k 倍加到另外相应一行上去.这说明:对线性方程组作同解变换,相当于对增广矩阵作初等行变换.

当线性方程组有解时,其解对应的增广矩阵其实就是一个简化阶梯形矩阵,于是得到线性方程组 $AX = B$ 的一般解法:对增广矩阵 $\bar{A}$ 作若干次初等行变换,化为阶梯形矩阵,这时判别解的情况,若有解,再对增广矩阵 $\bar{A}$ 继续作若干次初等行变换,化为简化阶梯形矩阵,还原为线性方程组后,从而得到此线性方程组的解,即

$$\bar{A} \to \cdots \to \text{阶梯形矩阵(若有解)} \to \cdots \to \text{简化阶梯形矩阵}$$

如何将一个矩阵经若干次初等行变换化为阶梯形矩阵?这个问题在 §2.2 中已经作了讨论,得到了解决.下面讨论如何将阶梯形矩阵经若干次初等行变换化为简化阶梯形矩阵,这时应该从右到左依次将非零行首非零元素所在列其余元素全化为零,只需将此非零行的适当若干倍分别加到其他各行上去.在上述步骤中,可根据需要,穿插将非零行首非零元素适时化为 1,只需非零行乘以其首非零元素的倒数,或者另外一行的适当若干倍加到此行上去.

上面给出了线性方程组的一般解法,那么在什么情况下,线性方程组有解;在什么情况下,线性方程组无解;如果有解,在什么情况下有唯一解,在什么情况下有无穷多解,这些都需要从理论上给出解答.下面通过具体的讨论,得到线性方程组解的判别理论.

例 1 解线性方程组

$$\begin{cases} x_1 - x_2 + x_3 = 1 \\ \qquad\ x_2 + 3x_3 = 0 \\ 2x_1 \qquad + 7x_3 = 4 \end{cases}$$

解：对增广矩阵 $\bar{\boldsymbol{A}}$ 作初等行变换，化为阶梯形矩阵，有

$$\bar{\boldsymbol{A}}=\left(\begin{array}{ccc:c}1&-1&1&1\\0&1&3&0\\2&0&7&4\end{array}\right)$$

（第 1 行的 -2 倍加到第 3 行上去）

$$\to\left(\begin{array}{ccc:c}1&-1&1&1\\0&1&3&0\\0&2&5&2\end{array}\right)$$

（第 2 行的 -2 倍加到第 3 行上去）

$$\to\left(\begin{array}{ccc:c}1&-1&1&1\\0&1&3&0\\0&0&-1&2\end{array}\right)$$

注意到增广矩阵 $\bar{\boldsymbol{A}}$ 去掉最后一列就是系数矩阵 $\boldsymbol{A}$，此时系数矩阵 $\boldsymbol{A}$ 也经过同样初等行变换化为阶梯形矩阵. 容易看出，增广矩阵 $\bar{\boldsymbol{A}}$ 的秩与系数矩阵 $\boldsymbol{A}$ 的秩都等于 3，即秩

$$\mathrm{r}(\bar{\boldsymbol{A}})=\mathrm{r}(\boldsymbol{A})=3$$

又未知量的个数 n 也为 3，有秩

$$\mathrm{r}(\bar{\boldsymbol{A}})=\mathrm{r}(\boldsymbol{A})=n$$

对于全体未知量 x_1,x_2,x_3，其系数行列式

$$D=\begin{vmatrix}1&-1&1\\0&1&3\\0&0&-1\end{vmatrix}=-1\neq 0$$

根据 §1.4 克莱姆法则，此线性方程组有唯一解.

对所得阶梯形矩阵继续作初等行变换，化为简化阶梯形矩阵，有

$$\bar{\boldsymbol{A}}\to\left(\begin{array}{ccc:c}1&-1&1&1\\0&1&3&0\\0&0&-1&2\end{array}\right)$$

（第 3 行乘以 -1）

$$\to\left(\begin{array}{ccc:c}1&-1&1&1\\0&1&3&0\\0&0&1&-2\end{array}\right)$$

（第 3 行的 -1 倍加到第 1 行上去，第 3 行的 -3 倍加到第 2 行上去）

$$\to\left(\begin{array}{ccc:c}1&-1&0&3\\0&1&0&6\\0&0&1&-2\end{array}\right)$$

（第 2 行加到第 1 行上去）

$$\to\left(\begin{array}{ccc:c}1&0&0&9\\0&1&0&6\\0&0&1&-2\end{array}\right)$$

所以此线性方程组的唯一解为

$$\begin{cases} x_1 = 9 \\ x_2 = 6 \\ x_3 = -2 \end{cases}$$

例 2 解线性方程组

$$\begin{cases} x_1 + 2x_2 - x_3 + 3x_4 = 2 \\ 3x_2 + x_3 = -1 \\ -x_1 + x_2 + x_3 = -2 \end{cases}$$

解:对增广矩阵 $\overline{\mathbf{A}}$ 作初等行变换,化为阶梯形矩阵,有

$$\overline{\mathbf{A}} = \left(\begin{array}{cccc:c} 1 & 2 & -1 & 3 & 2 \\ 0 & 3 & 1 & 0 & -1 \\ -1 & 1 & 1 & 0 & -2 \end{array}\right)$$

(第 1 行加到第 3 行上去)

$$\to \left(\begin{array}{cccc:c} 1 & 2 & -1 & 3 & 2 \\ 0 & 3 & 1 & 0 & -1 \\ 0 & 3 & 0 & 3 & 0 \end{array}\right)$$

(第 2 行的 -1 倍加到第 3 行上去)

$$\to \left(\begin{array}{cccc:c} 1 & 2 & -1 & 3 & 2 \\ 0 & 3 & 1 & 0 & -1 \\ 0 & 0 & -1 & 3 & 1 \end{array}\right)$$

对于未知量 x_1, x_2, x_3,其系数行列式

$$\begin{vmatrix} 1 & 2 & -1 \\ 0 & 3 & 1 \\ 0 & 0 & -1 \end{vmatrix} = -3 \neq 0$$

容易看出,增广矩阵 $\overline{\mathbf{A}}$ 的秩与系数矩阵 $\mathbf{A}$ 的秩都等于 3,即秩

$$\mathrm{r}(\overline{\mathbf{A}}) = \mathrm{r}(\mathbf{A}) = 3$$

但未知量的个数 n 为 4,有秩

$$\mathrm{r}(\overline{\mathbf{A}}) = \mathrm{r}(\mathbf{A}) < n$$

任给未知量 x_4 的一个值,根据 §1.4 克莱姆法则,得到未知量 x_1, x_2, x_3 的唯一解,它们构成此线性方程组的一组解,这说明此线性方程组有无穷多解,且有 $4-3=1$ 个自由未知量.

对所得阶梯形矩阵继续作初等行变换,化为简化阶梯形矩阵,有

$$\overline{\mathbf{A}} \to \left(\begin{array}{cccc:c} 1 & 2 & -1 & 3 & 2 \\ 0 & 3 & 1 & 0 & -1 \\ 0 & 0 & -1 & 3 & 1 \end{array}\right)$$

(第 3 行的 -1 倍加到第 1 行上去,第 3 行加到第 2 行上去)

$$\rightarrow\begin{pmatrix}1 & 2 & 0 & 0 & \vdots & 1\\0 & 3 & 0 & 3 & \vdots & 0\\0 & 0 & -1 & 3 & \vdots & 1\end{pmatrix}$$

$\left(\text{第 2 行乘以}\dfrac{1}{3}\text{，第 3 行乘以}-1\right)$

$$\rightarrow\begin{pmatrix}1 & 2 & 0 & 0 & \vdots & 1\\0 & 1 & 0 & 1 & \vdots & 0\\0 & 0 & 1 & -3 & \vdots & -1\end{pmatrix}$$

（第 2 行的 -2 倍加到第 1 行上去）

$$\rightarrow\begin{pmatrix}1 & 0 & 0 & -2 & \vdots & 1\\0 & 1 & 0 & 1 & \vdots & 0\\0 & 0 & 1 & -3 & \vdots & -1\end{pmatrix}$$

所得简化阶梯形矩阵代表线性方程组

$$\begin{cases}x_1 \qquad\quad -2x_4=1\\ \qquad x_2 \quad\;\; +x_4=0\\ \qquad\quad x_3-3x_4=-1\end{cases}$$

选择未知量 x_4 为自由未知量，未知量 x_1,x_2,x_3 为非自由未知量，非自由未知量 x_1,x_2,x_3 用自由未知量 x_4 表示，其表达式为

$$\begin{cases}x_1=2x_4+1\\x_2=-x_4\\x_3=3x_4-1\end{cases}$$

自由未知量 x_4 取任意常数 c，所以此线性方程组无穷多解的一般表达式为

$$\begin{cases}x_1=2c+1\\x_2=-c\\x_3=3c-1\\x_4=c\end{cases}\quad(c\text{ 为任意常数})$$

例 3　解线性方程组

$$\begin{cases}x_1-2x_2+3x_3=1\\3x_1-x_2+5x_3=6\\2x_1+x_2+2x_3=3\end{cases}$$

解：对增广矩阵 $\bar{\mathbf{A}}$ 作初等行变换，化为阶梯形矩阵，有

$$\bar{\mathbf{A}}=\begin{pmatrix}1 & -2 & 3 & \vdots & 1\\3 & -1 & 5 & \vdots & 6\\2 & 1 & 2 & \vdots & 3\end{pmatrix}$$

（第 1 行的 -3 倍加到第 2 行上去，第 1 行的 -2 倍加到第 3 行上去）

$$\rightarrow\begin{pmatrix}1 & -2 & 3 & \vdots & 1\\0 & 5 & -4 & \vdots & 3\\0 & 5 & -4 & \vdots & 1\end{pmatrix}$$

（第 2 行的 -1 倍加到第 3 行上去）

$$\rightarrow \left(\begin{array}{ccc:c} 1 & -2 & 3 & 1 \\ 0 & 5 & -4 & 3 \\ 0 & 0 & 0 & -2 \end{array}\right)$$

容易看出,增广矩阵 $\bar{\boldsymbol{A}}$ 的秩 $\mathrm{r}(\bar{\boldsymbol{A}})=3$,而系数矩阵 $\boldsymbol{A}$ 的秩 $\mathrm{r}(\boldsymbol{A})=2$,有秩

$$\mathrm{r}(\bar{\boldsymbol{A}}) \neq \mathrm{r}(\boldsymbol{A})$$

所得阶梯形矩阵第 3 行代表第 3 个线性方程式

$$0=-2$$

得到矛盾的结果,这是线性方程组中一些线性方程式相互矛盾的反映,说明未知量的任何一组取值都不能同时满足所有线性方程式,所以此线性方程组无解.

上面的讨论可以推广到一般情况,得到线性方程组解的判别理论.

定理 3.1 已知 n 元线性方程组 $\boldsymbol{AX}=\boldsymbol{B}$,增广矩阵为 $\bar{\boldsymbol{A}}$,那么:

(1) 如果秩 $\mathrm{r}(\bar{\boldsymbol{A}})=\mathrm{r}(\boldsymbol{A})=n$,则此线性方程组有唯一解;

(2) 如果秩 $\mathrm{r}(\bar{\boldsymbol{A}})=\mathrm{r}(\boldsymbol{A})<n$,则此线性方程组有无穷多解,且有 $n-\mathrm{r}(\boldsymbol{A})$ 个自由未知量;

(3) 如果秩 $\mathrm{r}(\bar{\boldsymbol{A}}) \neq \mathrm{r}(\boldsymbol{A})$,则此线性方程组无解.

例 4 已知线性方程组

$$\begin{cases} x_1+2x_2 = 3 \\ -x_2+3x_3 = 2 \\ -2x_3+3x_4 = 1 \\ -x_1+x_4 = 0 \end{cases}$$

(1) 求增广矩阵 $\bar{\boldsymbol{A}}$ 的秩 $\mathrm{r}(\bar{\boldsymbol{A}})$ 与系数矩阵 $\boldsymbol{A}$ 的秩 $\mathrm{r}(\boldsymbol{A})$;

(2) 判别线性方程组解的情况,若有解,则求解.

解:(1) 对增广矩阵 $\bar{\boldsymbol{A}}$ 作初等行变换,化为阶梯形矩阵,意味着同时对系数矩阵 $\boldsymbol{A}$ 作初等行变换,化为阶梯形矩阵,可以同时得到增广矩阵 $\bar{\boldsymbol{A}}$ 的秩 $\mathrm{r}(\bar{\boldsymbol{A}})$ 与系数矩阵 $\boldsymbol{A}$ 的秩 $\mathrm{r}(\boldsymbol{A})$. 有

$$\bar{\boldsymbol{A}}=\left(\begin{array}{cccc:c} 1 & 2 & 0 & 0 & 3 \\ 0 & -1 & 3 & 0 & 2 \\ 0 & 0 & -2 & 3 & 1 \\ -1 & 0 & 0 & 1 & 0 \end{array}\right)$$

(第 1 行加到第 4 行上去)

$$\rightarrow \left(\begin{array}{cccc:c} 1 & 2 & 0 & 0 & 3 \\ 0 & -1 & 3 & 0 & 2 \\ 0 & 0 & -2 & 3 & 1 \\ 0 & 2 & 0 & 1 & 3 \end{array}\right)$$

(第 2 行的 2 倍加到第 4 行上去)

$$\rightarrow\left(\begin{array}{cccc:c}1&2&0&0&3\\0&-1&3&0&2\\0&0&-2&3&1\\0&0&6&1&7\end{array}\right)$$

(第 3 行的 3 倍加到第 4 行上去)

$$\rightarrow\left(\begin{array}{cccc:c}1&2&0&0&3\\0&-1&3&0&2\\0&0&-2&3&1\\0&0&0&10&10\end{array}\right)$$

无论是增广矩阵 $\bar{\mathbf{A}}$ 还是系数矩阵 $\mathbf{A}$ 化为阶梯形矩阵后,非零行皆为 4 行,所以秩 $r(\bar{\mathbf{A}})=4$,秩 $r(\mathbf{A})=4$.

(2) 由于秩 $r(\bar{\mathbf{A}})=r(\mathbf{A})=n=4$,所以此线性方程组有唯一解. 对所得阶梯形矩阵继续作初等行变换,化为简化阶梯形矩阵,有

$$\bar{\mathbf{A}}\rightarrow\left(\begin{array}{cccc:c}1&2&0&0&3\\0&-1&3&0&2\\0&0&-2&3&1\\0&0&0&10&10\end{array}\right)$$

$\left(\text{第 4 行乘以}\dfrac{1}{10}\right)$

$$\rightarrow\left(\begin{array}{cccc:c}1&2&0&0&3\\0&-1&3&0&2\\0&0&-2&3&1\\0&0&0&1&1\end{array}\right)$$

(第 4 行的 -3 倍加到第 3 行上去)

$$\rightarrow\left(\begin{array}{cccc:c}1&2&0&0&3\\0&-1&3&0&2\\0&0&-2&0&-2\\0&0&0&1&1\end{array}\right)$$

$\left(\text{第 3 行乘以}-\dfrac{1}{2}\right)$

$$\rightarrow\left(\begin{array}{cccc:c}1&2&0&0&3\\0&-1&3&0&2\\0&0&1&0&1\\0&0&0&1&1\end{array}\right)$$

(第 3 行的 -3 倍加到第 2 行上去)

$$\rightarrow\left(\begin{array}{cccc:c}1&2&0&0&3\\0&-1&0&0&-1\\0&0&1&0&1\\0&0&0&1&1\end{array}\right)$$

(第 2 行乘以 -1)

$$\rightarrow\left(\begin{array}{cccc:c}1&2&0&0&3\\0&1&0&0&1\\0&0&1&0&1\\0&0&0&1&1\end{array}\right)$$

(第 2 行的 -2 倍加到第 1 行上去)

$$\rightarrow\left(\begin{array}{cccc:c}1&0&0&0&1\\0&1&0&0&1\\0&0&1&0&1\\0&0&0&1&1\end{array}\right)$$

所以此线性方程组的唯一解为

$$\begin{cases}x_1=1\\x_2=1\\x_3=1\\x_4=1\end{cases}$$

例 5 已知线性方程组

$$\begin{cases}x_1-x_2+x_3-x_4=0\\x_1+x_2+x_3-x_4=2\\2x_1-2x_2+2x_3-x_4=1\end{cases}$$

(1) 求增广矩阵 $\bar{\mathbf{A}}$ 的秩 $\mathrm{r}(\bar{\mathbf{A}})$ 与系数矩阵 $\mathbf{A}$ 的秩 $\mathrm{r}(\mathbf{A})$;

(2) 判别线性方程组解的情况,若有解,则求解.

解:(1) 对增广矩阵 $\bar{\mathbf{A}}$ 作初等行变换,化为阶梯形矩阵,有

$$\bar{\mathbf{A}}=\left(\begin{array}{cccc:c}1&-1&1&-1&0\\1&1&1&-1&2\\2&-2&2&-1&1\end{array}\right)$$

(第 1 行的 -1 倍加到第 2 行上去,第 1 行的 -2 倍加到第 3 行上去)

$$\rightarrow\left(\begin{array}{cccc:c}1&-1&1&-1&0\\0&2&0&0&2\\0&0&0&1&1\end{array}\right)$$

所以秩 $\mathrm{r}(\bar{\mathbf{A}})=3$,秩 $\mathrm{r}(\mathbf{A})=3$.

(2) 由于秩 $\mathrm{r}(\bar{\mathbf{A}})=\mathrm{r}(\mathbf{A})=3<n=4$,所以此线性方程组有无穷多解.对所得阶梯形矩阵继续作初等行变换,化为简化阶梯形矩阵,有

$$\bar{\mathbf{A}}\rightarrow\left(\begin{array}{cccc:c}1&-1&1&-1&0\\0&2&0&0&2\\0&0&0&1&1\end{array}\right)$$

$\left(第 2 行乘以\dfrac{1}{2}\right)$

$$\rightarrow\left(\begin{array}{cccc:c}1&-1&1&-1&0\\0&1&0&0&1\\0&0&0&1&1\end{array}\right)$$

(第 3 行加到第 1 行上去)

$$\rightarrow \begin{pmatrix} 1 & -1 & 1 & 0 & \vdots & 1 \\ 0 & 1 & 0 & 0 & \vdots & 1 \\ 0 & 0 & 0 & 1 & \vdots & 1 \end{pmatrix}$$

（第 2 行加到第 1 行上去）

$$\rightarrow \begin{pmatrix} 1 & 0 & 1 & 0 & \vdots & 2 \\ 0 & 1 & 0 & 0 & \vdots & 1 \\ 0 & 0 & 0 & 1 & \vdots & 1 \end{pmatrix}$$

得到线性方程组

$$\begin{cases} x_1 \quad + x_3 \quad = 2 \\ \quad x_2 \qquad\quad = 1 \\ \qquad\qquad x_4 = 1 \end{cases}$$

选择未知量 x_3 为自由未知量，未知量 x_1, x_2, x_4 为非自由未知量，非自由未知量 x_1, x_2, x_4 用自由未知量 x_3 表示，其表达式为

$$\begin{cases} x_1 = -x_3 + 2 \\ x_2 = 1 \\ x_4 = 1 \end{cases}$$

自由未知量 x_3 取任意常数 c，所以此线性方程组无穷多解的一般表达式为

$$\begin{cases} x_1 = -c + 2 \\ x_2 = 1 \\ x_3 = c \\ x_4 = 1 \end{cases} \quad (c\text{ 为任意常数})$$

注意：对于线性方程组有无穷多解的情况，由于自由未知量的选择不是唯一的，因而无穷多解的一般表达式也不是唯一的. 在例 5 中，也可以选择未知量 x_1 为自由未知量，相应的无穷多解的一般表达式为

$$\begin{cases} x_1 = c \\ x_2 = 1 \\ x_3 = -c + 2 \\ x_4 = 1 \end{cases} \quad (c\text{ 为任意常数})$$

例 6　已知线性方程组

$$\begin{cases} x_1 + x_2 - 4x_3 = 5 \\ \quad x_2 + 2x_3 = 6 \\ \quad \lambda(\lambda - 1)x_3 = \lambda^2 \end{cases}$$

讨论当常数 λ 为何值时，它有唯一解、有无穷多解或无解.

解：写出增广矩阵

$$\bar{A}=\left(\begin{array}{ccc:c}1 & 1 & -4 & 5\\0 & 1 & 2 & 6\\0 & 0 & \lambda(\lambda-1) & \lambda^2\end{array}\right)$$

容易看出,无论常数 λ 取什么数值,增广矩阵 $\bar{A}$ 总是阶梯形矩阵. 当然,系数矩阵 A 也总是阶梯形矩阵.

当常数 $\lambda\neq0$ 且常数 $\lambda\neq1$ 时,有秩

$$r(\bar{A})=r(A)=n=3$$

所以此线性方程组有唯一解;

当常数 $\lambda=0$ 时,有秩

$$r(\bar{A})=r(A)=2<n=3$$

所以此线性方程组有无穷多解;

当常数 $\lambda=1$ 时,有秩

$$r(\bar{A})=3\neq r(A)=2$$

所以此线性方程组无解.

例 7 已知线性方程组

$$\begin{cases}x_1-x_2 & =1\\ \quad 3x_2+x_3 & =3\\ x_1+2x_2+x_3 & =\lambda\end{cases}$$

有解,求常数 λ 的值.

解:对增广矩阵 $\bar{A}$ 作初等行变换,化为阶梯形矩阵,有

$$\bar{A}=\left(\begin{array}{ccc:c}1 & -1 & 0 & 1\\0 & 3 & 1 & 3\\1 & 2 & 1 & \lambda\end{array}\right)$$

(第 1 行的 -1 倍加到第 3 行上去)

$$\rightarrow\left(\begin{array}{ccc:c}1 & -1 & 0 & 1\\0 & 3 & 1 & 3\\0 & 3 & 1 & \lambda-1\end{array}\right)$$

(第 2 行的 -1 倍加到第 3 行上去)

$$\rightarrow\left(\begin{array}{ccc:c}1 & -1 & 0 & 1\\0 & 3 & 1 & 3\\0 & 0 & 0 & \lambda-4\end{array}\right)$$

容易看出,系数矩阵 A 的秩 $r(A)=2$. 由于此线性方程组有解,因而秩 $r(\bar{A})=r(A)$,于是秩 $r(\bar{A})=2$,这意味着增广矩阵 $\bar{A}$ 经初等行变换化为阶梯形矩阵后,非零行应为 2 行,从而第 3 行应为零行,得到关系式 $\lambda-4=0$,所以常数

$$\lambda=4$$

考虑由 n 个线性方程式构成的 n 元线性方程组 $AX=B$,其中系数矩阵 A 显然是 n 阶方阵. 注意到方阵经初等行变换后,其行列式是否等于零是不会改变的,如果系数行列式不等于零,则系数矩阵 A 经初等行变换化为阶梯形矩阵后,其行列式的值虽然有可能改变,但仍

不等于零，这意味着没有零行，即 n 行都是非零行，从而系数矩阵 $\boldsymbol{A}$ 的秩 $r(\boldsymbol{A})$ 为 n，当然增广矩阵 $\bar{\boldsymbol{A}}$ 的秩 $r(\bar{\boldsymbol{A}})$ 也为 n，即秩

$$r(\bar{\boldsymbol{A}})=r(\boldsymbol{A})=n$$

所以此线性方程组有唯一解，这与 §1.4 克莱姆法则的结论是一致的.

§3.2 齐次线性方程组

在 §1.4 中讨论了由 n 个齐次线性方程式构成的 n 元齐次线性方程组存在非零解的问题，下面考虑由 m 个齐次线性方程式构成的 n 元齐次线性方程组

$$\begin{cases}a_{11}x_1+a_{12}x_2+\cdots+a_{1n}x_n=0\\a_{21}x_1+a_{22}x_2+\cdots+a_{2n}x_n=0\\\qquad\cdots\qquad\qquad\cdots\\a_{m1}x_1+a_{m2}x_2+\cdots+a_{mn}x_n=0\end{cases}$$

它可以表示为矩阵形式

$$\boldsymbol{AX}=\boldsymbol{O}$$

其中矩阵 $\boldsymbol{A}$ 为系数矩阵，矩阵 $\boldsymbol{X}$ 为未知量矩阵，零矩阵 $\boldsymbol{O}$ 为常数项矩阵，即矩阵

$$\boldsymbol{A}=\begin{pmatrix}a_{11}&a_{12}&\cdots&a_{1n}\\a_{21}&a_{22}&\cdots&a_{2n}\\\vdots&\vdots&&\vdots\\a_{m1}&a_{m2}&\cdots&a_{mn}\end{pmatrix},\boldsymbol{X}=\begin{pmatrix}x_1\\x_2\\\vdots\\x_n\end{pmatrix},\boldsymbol{O}=\begin{pmatrix}0\\0\\\vdots\\0\end{pmatrix}$$

当然，增广矩阵

$$\bar{\boldsymbol{A}}=\left(\begin{array}{cccc:c}a_{11}&a_{12}&\cdots&a_{1n}&0\\a_{21}&a_{22}&\cdots&a_{2n}&0\\\vdots&\vdots&&\vdots&\vdots\\a_{m1}&a_{m2}&\cdots&a_{mn}&0\end{array}\right)$$

由于增广矩阵 $\bar{\boldsymbol{A}}$ 的最后一列元素全为零，显然恒有秩

$$r(\bar{\boldsymbol{A}})=r(\boldsymbol{A})$$

根据 §3.1 定理 3.1，齐次线性方程组恒有解，即至少有零解：如果秩 $r(\boldsymbol{A})<n$，则有无穷多解，意味着除有零解外，还有非零解；如果秩 $r(\boldsymbol{A})=n$，则有唯一解，意味着仅有零解，说明无非零解. 显然，如果有非零解，则秩 $r(\boldsymbol{A})<n$. 根据上述讨论得到下面的定理，作为 §1.4 定理 1.3 的推广.

定理 3.2 已知由 m 个齐次线性方程式构成的 n 元齐次线性方程组 $\boldsymbol{AX}=\boldsymbol{O}$，那么：

(1) 如果秩 $r(\boldsymbol{A})<n$，则此齐次线性方程组有非零解；

(2) 如果此齐次线性方程组有非零解，则秩 $r(\boldsymbol{A})<n$.

推论 当齐次线性方程式的个数少于未知量的个数即 $m<n$ 时，齐次线性方程组有非零解.

考虑由 n 个齐次线性方程式构成的 n 元齐次线性方程组 $\boldsymbol{AX}=\boldsymbol{O}$，其中系数矩阵 $\boldsymbol{A}$ 显然是 n 阶方阵，如果系数行列式等于零，则系数矩阵 $\boldsymbol{A}$ 经初等行变换化为阶梯形矩阵后，其行列式的值仍然等于零，这意味着有零行，从而系数矩阵 $\boldsymbol{A}$ 的秩

$$\mathrm{r}(\boldsymbol{A})<n$$

所以此齐次线性方程组有非零解，这与 §1.4 定理 1.3 的结论是一致的.

如何解齐次线性方程组？仍然是对增广矩阵作若干次初等行变换，化为阶梯形矩阵，这时判别有无非零解，若有非零解，再对增广矩阵继续作若干次初等行变换，化为简化阶梯形矩阵，还原为线性方程组后，从而得到齐次线性方程组的解.

例 1 已知齐次线性方程组

$$\begin{cases}-2x+y+z=0\\ x-2y+z=0\\ x+y-2z=0\end{cases}$$

(1) 判别有无非零解；

(2) 若有非零解，则求解的一般表达式.

解：(1) 对增广矩阵 $\overline{\boldsymbol{A}}$ 作初等行变换，化为阶梯形矩阵，有

$$\overline{\boldsymbol{A}}=\left(\begin{array}{ccc:c}-2 & 1 & 1 & 0\\ 1 & -2 & 1 & 0\\ 1 & 1 & -2 & 0\end{array}\right)$$

（交换第 1 行与第 3 行）

$$\to\left(\begin{array}{ccc:c}1 & 1 & -2 & 0\\ 1 & -2 & 1 & 0\\ -2 & 1 & 1 & 0\end{array}\right)$$

（第 1 行与第 2 行皆加到第 3 行上去，第 1 行的 -1 倍加到第 2 行上去）

$$\to\left(\begin{array}{ccc:c}1 & 1 & -2 & 0\\ 0 & -3 & 3 & 0\\ 0 & 0 & 0 & 0\end{array}\right)$$

容易看出，系数矩阵 $\boldsymbol{A}$ 的秩 $\mathrm{r}(\boldsymbol{A})=2$，而未知量的个数 $n=3$，有秩

$$\mathrm{r}(\boldsymbol{A})=2<n=3$$

所以此齐次线性方程组有非零解.

(2) 对所得阶梯形矩阵继续作初等行变换，化为简化阶梯形矩阵，有

$$\overline{\boldsymbol{A}}\to\left(\begin{array}{ccc:c}1 & 1 & -2 & 0\\ 0 & -3 & 3 & 0\\ 0 & 0 & 0 & 0\end{array}\right)$$

$\left(\text{第 2 行乘以 }-\dfrac{1}{3}\right)$

$$\to\left(\begin{array}{ccc:c}1 & 1 & -2 & 0\\ 0 & 1 & -1 & 0\\ 0 & 0 & 0 & 0\end{array}\right)$$

（第 2 行的 -1 倍加到第 1 行上去）

$$\rightarrow\left(\begin{array}{ccc:c}1&0&-1&0\\0&1&-1&0\\0&0&0&0\end{array}\right)$$

得到线性方程组

$$\begin{cases}x \quad -z=0\\ \quad y-z=0\end{cases}$$

选择未知量 z 为自由未知量，未知量 x,y 为非自由未知量，非自由未知量 x,y 用自由未知量 z 表示，其表达式为

$$\begin{cases}x=z\\y=z\end{cases}$$

自由未知量 z 取任意常数 c，所以此齐次线性方程组无穷多解的一般表达式为

$$\begin{cases}x=c\\y=c\\z=c\end{cases}\quad (c\text{ 为任意常数})$$

容易看出，此题就是 §1.4 例 6 对应于系数 $k=-2$ 的齐次线性方程组，当时根据 §1.4 定理 1.3 仅能判别其有非零解，却无法得到解的一般表达式，而现在根据定理 3.2 不仅能判别其有非零解，还能求得解的一般表达式.

例 2　已知齐次线性方程组

$$\begin{cases}x_1+2x_2+x_3+x_4=0\\3x_1+6x_2+2x_3-x_4=0\\-x_1-2x_2+x_3+7x_4=0\end{cases}$$

(1) 判别有无非零解；

(2) 若有非零解，则求解的一般表达式.

解：(1) 由于齐次线性方程式的个数 m 少于未知量的个数 n，即

$$m=3<n=4$$

所以此齐次线性方程组有非零解.

(2) 对增广矩阵 $\bar{\mathbf{A}}$ 作初等行变换，直至化为简化阶梯形矩阵，有

$$\bar{\mathbf{A}}=\left(\begin{array}{cccc:c}1&2&1&1&0\\3&6&2&-1&0\\-1&-2&1&7&0\end{array}\right)$$

(第 1 行的 -3 倍加到第 2 行上去，第 1 行加到第 3 行上去)

$$\rightarrow\left(\begin{array}{cccc:c}1&2&1&1&0\\0&0&-1&-4&0\\0&0&2&8&0\end{array}\right)$$

(第 2 行的 2 倍加到第 3 行上去)

$$\rightarrow\left(\begin{array}{cccc:c}1&2&1&1&0\\0&0&-1&-4&0\\0&0&0&0&0\end{array}\right)$$

(第 2 行乘以 -1)

$$\rightarrow \left(\begin{array}{cccc:c} 1 & 2 & 1 & 1 & 0 \\ 0 & 0 & 1 & 4 & 0 \\ 0 & 0 & 0 & 0 & 0 \end{array}\right)$$

(第 2 行的 -1 倍加到第 1 行上去)

$$\rightarrow \left(\begin{array}{cccc:c} 1 & 2 & 0 & -3 & 0 \\ 0 & 0 & 1 & 4 & 0 \\ 0 & 0 & 0 & 0 & 0 \end{array}\right)$$

得到线性方程组

$$\begin{cases} x_1 + 2x_2 \qquad - 3x_4 = 0 \\ \qquad\qquad x_3 + 4x_4 = 0 \end{cases}$$

选择 x_2, x_4 为自由未知量,x_1, x_3 为非自由未知量,非自由未知量 x_1, x_3 用自由未知量 x_2, x_4 表示,其表达式为

$$\begin{cases} x_1 = -2x_2 + 3x_4 \\ x_3 = -4x_4 \end{cases}$$

自由未知量 x_2 取任意常 c_1,自由未知量 x_4 取任意常数 c_2,所以此齐次线性方程组无穷多解的一般表达式为

$$\begin{cases} x_1 = -2c_1 + 3c_2 \\ x_2 = c_1 \\ x_3 = -4c_2 \\ x_4 = c_2 \end{cases} \quad (c_1, c_2 \text{ 为任意常数})$$

§ 3.3　线性方程组解的结构

已知齐次线性方程组

$$\boldsymbol{Ax} = \boldsymbol{o}$$

如果向量 $\boldsymbol{\xi}_1, \boldsymbol{\xi}_2$ 都是它的解向量,即有关系式

$$\boldsymbol{A\xi}_1 = \boldsymbol{o} \text{ 与 } \boldsymbol{A\xi}_2 = \boldsymbol{o}$$

这时也有关系式

$$\boldsymbol{A}(\boldsymbol{\xi}_1 + \boldsymbol{\xi}_2) = \boldsymbol{A\xi}_1 + \boldsymbol{A\xi}_2 = \boldsymbol{o} + \boldsymbol{o} = \boldsymbol{o}$$

说明和 $\boldsymbol{\xi}_1 + \boldsymbol{\xi}_2$ 也是此齐次线性方程组 $\boldsymbol{Ax} = \boldsymbol{o}$ 的解向量;又如果向量 $\boldsymbol{\xi}$ 是它的解向量,即有关系式

$$\boldsymbol{A\xi} = \boldsymbol{o}$$

c 为任意常数,这时也有关系式

$$\boldsymbol{A}(c\boldsymbol{\xi}) = c\boldsymbol{A\xi} = c\boldsymbol{o} = \boldsymbol{o}$$

说明积 $c\boldsymbol{\xi}$ 也是此齐次线性方程组 $\boldsymbol{Ax} = \boldsymbol{o}$ 的解向量;一般地,如果向量 $\boldsymbol{\xi}_1, \boldsymbol{\xi}_2, \cdots, \boldsymbol{\xi}_l$ 都是它的解向量,即有关系式

$$A\xi_i = o \quad (i = 1,2,\cdots,l)$$

$c_1, c_2, \cdots, c_l$ 为任意常数，这时也有关系式

$$\begin{aligned}&A(c_1\xi_1 + c_2\xi_2 + \cdots + c_l\xi_l)\\ =\ &A(c_1\xi_1) + A(c_2\xi_2) + \cdots + A(c_l\xi_l) = o + o + \cdots + o = o\end{aligned}$$

说明线性组合 $c_1\xi_1 + c_2\xi_2 + \cdots + c_l\xi_l$ 也是此齐次线性方程组 $Ax = o$ 的解向量. 综合上述讨论，齐次线性方程组的解向量具有下列性质：

性质 1　已知齐次线性方程组 $Ax = o$，如果向量 ξ_1, ξ_2 都是它的解向量，则和 $\xi_1 + \xi_2$ 也是它的解向量；

性质 2　已知齐次线性方程组 $Ax = o$，如果向量 ξ 是它的解向量，c 为任意常数，则积 $c\xi$ 也是它的解向量；

性质 3　已知齐次线性方程组 $Ax = o$，如果向量 $\xi_1, \xi_2, \cdots, \xi_l$ 都是它的解向量，$c_1, c_2, \cdots, c_l$ 为任意常数，则线性组合 $c_1\xi_1 + c_2\xi_2 + \cdots + c_l\xi_l$ 也是它的解向量.

已知 n 元齐次线性方程组 $Ax = o$，若系数矩阵 A 的秩 $\mathrm{r}(A) = r < n$，则有无穷多解，且有 $n - r$ 个自由未知量，从而无穷多解的一般表达式含 $n - r$ 个任意常数，说明解向量组含无穷多个解向量，其一般表达式也含 $n - r$ 个任意常数，这时解向量的一般表达式称为全部解，全部解当然含 $n - r$ 个任意常数，下面讨论全部解能否表示为有限个线性无关解向量的线性组合.

定义 3.3　已知 n 元齐次线性方程组 $Ax = o$，它有无穷多解，系数矩阵 A 的秩 $\mathrm{r}(A) = r$，若含 $n-r$ 个解向量的部分组 $\xi_1, \xi_2, \cdots, \xi_{n-r}$ 线性无关，则称此线性无关部分组 $\xi_1, \xi_2, \cdots, \xi_{n-r}$ 为此齐次线性方程组 $Ax = o$ 的基础解系.

应该注意的是：齐次线性方程组只在有无穷多解即有非零解的情况下才存在基础解系，而在仅有零解的情况下不存在基础解系. 基础解系所含向量一定是解向量，其个数等于自由未知量的个数，即等于未知量的个数与系数矩阵的秩之差，且它们线性无关.

显然，若齐次线性方程组存在基础解系，则解向量组中含解向量个数等于自由未知量个数且线性无关的部分组不止一组，而是无穷多组，说明基础解系不是唯一的，但其所含解向量的个数是相同的，都等于自由未知量的个数.

例 1　单项选择题

已知四元齐次线性方程组 $Ax = o$，若系数矩阵 A 的秩 $\mathrm{r}(A) = 1$，则其基础解系含(　　)个线性无关解向量.

(a)1　　　　(b)2

(c)3　　　　(d)4

解：由于系数矩阵 A 的秩 $\mathrm{r}(A) = 1$，而未知量的个数 $n = 4$，于是基础解系含

$$n - \mathrm{r}(A) = 4 - 1 = 3$$

个线性无关解向量，这个正确答案恰好就是备选答案(c)，所以选择(c).

例 2　设向量组 ξ_1, ξ_2 为齐次线性方程组 $Ax = o$ 的一个基础解系，问向量组 $\xi_1 + \xi_2, \xi_1 - \xi_2$ 是否也为此齐次线性方程组 $Ax = o$ 的一个基础解系？

解：由于向量组 ξ_1, ξ_2 为齐次线性方程组的一个基础解系，说明向量 ξ_1, ξ_2 都是齐次线性方程组 $Ax = o$ 的解向量且它们线性无关，还说明齐次线性方程组 $Ax = o$ 的任一个基础解系

都含两个向量. 向量组 $\boldsymbol{\xi}_1+\boldsymbol{\xi}_2,\boldsymbol{\xi}_1-\boldsymbol{\xi}_2$ 若为齐次线性方程组 $\boldsymbol{Ax}=\boldsymbol{o}$ 的基础解系,须同时满足它们都是解向量且线性无关.

由于向量 $\boldsymbol{\xi}_1,\boldsymbol{\xi}_2$ 都是齐次线性方程组 $\boldsymbol{Ax}=\boldsymbol{o}$ 的解向量,根据齐次线性方程组解向量的性质,得到向量 $\boldsymbol{\xi}_1+\boldsymbol{\xi}_2,\boldsymbol{\xi}_1-\boldsymbol{\xi}_2$ 也都是齐次线性方程组 $\boldsymbol{Ax}=\boldsymbol{o}$ 的解向量;判别向量组 $\boldsymbol{\xi}_1+\boldsymbol{\xi}_2,\boldsymbol{\xi}_1-\boldsymbol{\xi}_2$ 是否线性无关,归结为判别线性组合系数 k_1,k_2 为未知量的齐次线性方程组

$$k_1(\boldsymbol{\xi}_1+\boldsymbol{\xi}_2)+k_2(\boldsymbol{\xi}_1-\boldsymbol{\xi}_2)=\boldsymbol{o}$$

是否仅有零解,此齐次线性方程组经过向量的线性运算化为

$$(k_1+k_2)\boldsymbol{\xi}_1+(k_1-k_2)\boldsymbol{\xi}_2=\boldsymbol{o}$$

由于向量组 $\boldsymbol{\xi}_1,\boldsymbol{\xi}_2$ 线性无关,从而上述线性组合系数 k_1+k_2,k_1-k_2 为未知量的齐次线性方程组仅有零解 $k_1+k_2=k_1-k_2=0$,说明原线性组合系数 k_1,k_2 满足齐次线性方程组

$$\begin{cases}k_1+k_2=0\\k_1-k_2=0\end{cases}$$

注意到系数行列式

$$D=\begin{vmatrix}1&1\\1&-1\end{vmatrix}=(-1)-1=-2\neq 0$$

根据§1.4克莱姆法则,因此上述齐次线性方程组仅有零解 $k_1=k_2=0$,于是向量组 $\boldsymbol{\xi}_1+\boldsymbol{\xi}_2$,$\boldsymbol{\xi}_1-\boldsymbol{\xi}_2$ 也线性无关. 根据上述讨论,向量组 $\boldsymbol{\xi}_1+\boldsymbol{\xi}_2,\boldsymbol{\xi}_1-\boldsymbol{\xi}_2$ 也为齐次线性方程组 $\boldsymbol{Ax}=\boldsymbol{o}$ 的一个基础解系.

自然提出问题:齐次线性方程组的全部解与它的基础解系有什么关系?下面通过具体的讨论,得到这个问题的答案.

考虑简单的齐次线性方程组

$$\begin{cases}x_1\qquad-x_3-2x_4-3x_5=0\\\qquad x_2-4x_3-5x_4-6x_5=0\end{cases}$$

其增广矩阵

$$\bar{\boldsymbol{A}}=\left(\begin{array}{ccccc:c}1&0&-1&-2&-3&0\\0&1&-4&-5&-6&0\end{array}\right)$$

已经是简化阶梯形矩阵,容易看出,系数矩阵 $\boldsymbol{A}$ 的秩 $\mathrm{r}(\boldsymbol{A})=2$,而未知量的个数 $n=5$,有秩

$$\mathrm{r}(\boldsymbol{A})=2<n=5$$

因而此齐次线性方程组有无穷多解,且有 $n-\mathrm{r}(\boldsymbol{A})=5-2=3$ 个自由未知量,当然存在基础解系,其基础解系含 3 个线性无关解向量. 选择未知量 x_3,x_4,x_5 为自由未知量,未知量 x_1,x_2 为非自由未知量,非自由未知量 x_1,x_2 用自由未知量 x_3,x_4,x_5 表示,其表达式为

$$\begin{cases}x_1=x_3+2x_4+3x_5\\x_2=4x_3+5x_4+6x_5\end{cases}$$

自由未知量 x_3 取任意常数 c_1,自由未知量 x_4 取任意常数 c_2,自由未知量 x_5 取任意常数 c_3,于是此齐次线性方程组无穷多解的一般表达式为

$$\begin{cases} x_1 = c_1 + 2c_2 + 3c_3 \\ x_2 = 4c_1 + 5c_2 + 6c_3 \\ x_3 = c_1 \\ x_4 = c_2 \\ x_5 = c_3 \end{cases} \quad (c_1, c_2, c_3 \text{ 为任意常数})$$

再将它写成向量的形式，根据向量的线性运算，得到解向量的一般表达式即全部解为

$$\boldsymbol{x} = \begin{pmatrix} x_1 \\ x_2 \\ x_3 \\ x_4 \\ x_5 \end{pmatrix} = \begin{pmatrix} c_1 + 2c_2 + 3c_3 \\ 4c_1 + 5c_2 + 6c_3 \\ c_1 \\ c_2 \\ c_3 \end{pmatrix} = \begin{pmatrix} c_1 \\ 4c_1 \\ c_1 \\ 0 \\ 0 \end{pmatrix} + \begin{pmatrix} 2c_2 \\ 5c_2 \\ 0 \\ c_2 \\ 0 \end{pmatrix} + \begin{pmatrix} 3c_3 \\ 6c_3 \\ 0 \\ 0 \\ c_3 \end{pmatrix}$$

$$= c_1 \begin{pmatrix} 1 \\ 4 \\ 1 \\ 0 \\ 0 \end{pmatrix} + c_2 \begin{pmatrix} 2 \\ 5 \\ 0 \\ 1 \\ 0 \end{pmatrix} + c_3 \begin{pmatrix} 3 \\ 6 \\ 0 \\ 0 \\ 1 \end{pmatrix} \quad (c_1, c_2, c_3 \text{ 为任意常数})$$

令向量

$$\boldsymbol{\xi}_1 = \begin{pmatrix} 1 \\ 4 \\ 1 \\ 0 \\ 0 \end{pmatrix}, \boldsymbol{\xi}_2 = \begin{pmatrix} 2 \\ 5 \\ 0 \\ 1 \\ 0 \end{pmatrix}, \boldsymbol{\xi}_3 = \begin{pmatrix} 3 \\ 6 \\ 0 \\ 0 \\ 1 \end{pmatrix}$$

实际上，向量 $\boldsymbol{\xi}_1$ 就是对应于任意常数 $c_1 = 1, c_2 = 0, c_3 = 0$ 的解向量；向量 $\boldsymbol{\xi}_2$ 就是对应于任意常数 $c_1 = 0, c_2 = 1, c_3 = 0$ 的解向量；向量 $\boldsymbol{\xi}_3$ 就是对应于任意常数 $c_1 = 0, c_2 = 0, c_3 = 1$ 的解向量. 解向量部分组 $\boldsymbol{\xi}_1, \boldsymbol{\xi}_2, \boldsymbol{\xi}_3$ 是三维基本单位向量组

$$\boldsymbol{\varepsilon}_1 = \begin{pmatrix} 1 \\ 0 \\ 0 \end{pmatrix}, \boldsymbol{\varepsilon}_2 = \begin{pmatrix} 0 \\ 1 \\ 0 \end{pmatrix}, \boldsymbol{\varepsilon}_3 = \begin{pmatrix} 0 \\ 0 \\ 1 \end{pmatrix}$$

每个向量第 1 个分量上面皆添加 2 个分量即非自由未知量相应取值而得到的向量组，由于三维基本单位向量组 $\boldsymbol{\varepsilon}_1, \boldsymbol{\varepsilon}_2, \boldsymbol{\varepsilon}_3$ 线性无关，根据 §2.4 定理 2.3，因而解向量部分组 $\boldsymbol{\xi}_1, \boldsymbol{\xi}_2, \boldsymbol{\xi}_3$ 也线性无关，得到线性无关解向量部分组 $\boldsymbol{\xi}_1, \boldsymbol{\xi}_2, \boldsymbol{\xi}_3$ 为此齐次线性方程组的一个基础解系.

上述讨论说明：齐次线性方程组的全部解为其基础解系的线性组合. 一般地，有下面的定理.

定理 3.3（齐次线性方程组解的结构定理）　已知 n 元齐次线性方程组 $\boldsymbol{A}\boldsymbol{x} = \boldsymbol{o}$，它有无穷多解，系数矩阵 $\boldsymbol{A}$ 的秩 $\mathrm{r}(\boldsymbol{A}) = r$，如果它的一个基础解系为 $\boldsymbol{\xi}_1, \boldsymbol{\xi}_2, \cdots, \boldsymbol{\xi}_{n-r}$，则此齐次线性方程组 $\boldsymbol{A}\boldsymbol{x} = \boldsymbol{o}$ 的全部解为基础解系 $\boldsymbol{\xi}_1, \boldsymbol{\xi}_2, \cdots, \boldsymbol{\xi}_{n-r}$ 的线性组合，即解向量

$$\boldsymbol{x} = c_1\boldsymbol{\xi}_1 + c_2\boldsymbol{\xi}_2 + \cdots + c_{n-r}\boldsymbol{\xi}_{n-r} \quad (c_1, c_2, \cdots, c_{n-r} \text{ 为任意常数})$$

齐次线性方程组的全部解就是无穷多解的一般表达式表示为向量形式，将解向量表示

为基础解系的线性组合,用有限个线性无关解向量表示无穷多个解向量,明确地给出了解向量组的结构.当然,齐次线性方程组的全部解与无穷多解的一般表达式在实质上并无区别.

给出齐次线性方程组,若它有无穷多解,如何求它的一个基础解系?首先求出无穷多解的一般表达式,再将这无穷多解的一般表达式表示为向量的形式,即为所求全部解,而构成全部解即线性组合表达式的解向量部分组为所求一个基础解系.

由于自由未知量的选择不是唯一的,于是基础解系也不是唯一的,但基础解系含线性无关解向量的个数是相同的,皆等于未知量的个数与系数矩阵的秩之差.

例 3 已知齐次线性方程组

$$\begin{cases} x_1+2x_2-\ x_3=0 \\ 2x_1+5x_2+\ x_3=0 \\ x_1+\ x_2-4x_3=0 \end{cases}$$

(1) 判别是否存在基础解系;

(2) 若存在基础解系,则求一个基础解系.

解:(1) 对增广矩阵 $\overline{\mathbf{A}}$ 作初等行变换,化为阶梯形矩阵,有

$$\overline{\mathbf{A}}=\left(\begin{array}{ccc:c} 1 & 2 & -1 & 0 \\ 2 & 5 & 1 & 0 \\ 1 & 1 & -4 & 0 \end{array}\right)$$

(第 1 行的 −2 倍加到第 2 行上去,第 1 行的 −1 倍加到第 3 行上去)

$$\rightarrow\left(\begin{array}{ccc:c} 1 & 2 & -1 & 0 \\ 0 & 1 & 3 & 0 \\ 0 & -1 & -3 & 0 \end{array}\right)$$

(第 2 行加到第 3 行上去)

$$\rightarrow\left(\begin{array}{ccc:c} 1 & 2 & -1 & 0 \\ 0 & 1 & 3 & 0 \\ 0 & 0 & 0 & 0 \end{array}\right)$$

容易看出,系数矩阵 $\mathbf{A}$ 的秩 $\mathrm{r}(\mathbf{A})=2$,而未知量的个数 $n=3$,有秩

$$\mathrm{r}(\mathbf{A})=2<n=3$$

因而此齐次线性方程组有无穷多解,所以存在基础解系,且基础解系含 $n-\mathrm{r}(\mathbf{A})=3-2=1$ 个线性无关解向量.

(2) 对所得阶梯形矩阵继续作初等行变换,化为简化阶梯形矩阵,有

$$\overline{\mathbf{A}}\rightarrow\left(\begin{array}{ccc:c} 1 & 2 & -1 & 0 \\ 0 & 1 & 3 & 0 \\ 0 & 0 & 0 & 0 \end{array}\right)$$

(第 2 行的 −2 倍加到第 1 行上去)

$$\rightarrow\left(\begin{array}{ccc:c} 1 & 0 & -7 & 0 \\ 0 & 1 & 3 & 0 \\ 0 & 0 & 0 & 0 \end{array}\right)$$

得到齐次线性方程组

$$\begin{cases} x_1 \qquad -7x_3=0 \\ \qquad x_2+3x_3=0 \end{cases}$$

选择未知量 x_3 为自由未知量，未知量 x_1，x_2 为非自由未知量，非自由未知量 x_1，x_2 用自由未知量 x_3 表示，其表达式为

$$\begin{cases} x_1 = 7x_3 \\ x_2 = -3x_3 \end{cases}$$

自由未知量 x_3 取任意常数 c，于是此齐次线性方程组无穷多解的一般表达式为

$$\begin{cases} x_1 = 7c \\ x_2 = -3c \quad (c \text{ 为任意常数}) \\ x_3 = c \end{cases}$$

再将它写成向量的形式，得到解向量的一般表达式即全部解为

$$\boldsymbol{x} = \begin{pmatrix} x_1 \\ x_2 \\ x_3 \end{pmatrix} = \begin{pmatrix} 7c \\ -3c \\ c \end{pmatrix} = c\begin{pmatrix} 7 \\ -3 \\ 1 \end{pmatrix} \quad (c \text{ 为任意常数})$$

所以此齐次线性方程组的一个基础解系为

$$\boldsymbol{\xi} = \begin{pmatrix} 7 \\ -3 \\ 1 \end{pmatrix}$$

定义 3.4　已知非齐次线性方程组 $\boldsymbol{Ax} = \boldsymbol{\beta}(\boldsymbol{\beta} \neq \boldsymbol{o})$，称齐次线性方程组 $\boldsymbol{Ax} = \boldsymbol{o}$ 为它的导出组.

已知非齐次线性方程组

$$\boldsymbol{Ax} = \boldsymbol{\beta} \ (\boldsymbol{\beta} \neq \boldsymbol{o})$$

如果向量 $\boldsymbol{\eta}_1$，$\boldsymbol{\eta}_2$ 都是它的解向量，即有关系式

$$\boldsymbol{A\eta}_1 = \boldsymbol{\beta} \text{ 与 } \boldsymbol{A\eta}_2 = \boldsymbol{\beta}$$

这时有关系式

$$\boldsymbol{A}(\boldsymbol{\eta}_1 - \boldsymbol{\eta}_2) = \boldsymbol{A\eta}_1 - \boldsymbol{A\eta}_2 = \boldsymbol{\beta} - \boldsymbol{\beta} = \boldsymbol{o}$$

说明差 $\boldsymbol{\eta}_1 - \boldsymbol{\eta}_2$ 是其导出组 $\boldsymbol{Ax} = \boldsymbol{o}$ 的解向量；如果向量 $\boldsymbol{\xi}$ 是其导出组 $\boldsymbol{Ax} = \boldsymbol{o}$ 的解向量，且向量 $\boldsymbol{\eta}$ 是它的解向量，即有关系式

$$\boldsymbol{A\xi} = \boldsymbol{o} \text{ 与 } \boldsymbol{A\eta} = \boldsymbol{\beta}$$

这时也有关系式

$$\boldsymbol{A}(\boldsymbol{\xi} + \boldsymbol{\eta}) = \boldsymbol{A\xi} + \boldsymbol{A\eta} = \boldsymbol{o} + \boldsymbol{\beta} = \boldsymbol{\beta}$$

说明和 $\boldsymbol{\xi} + \boldsymbol{\eta}$ 也是此非齐次线性方程组 $\boldsymbol{Ax} = \boldsymbol{\beta}(\boldsymbol{\beta} \neq \boldsymbol{o})$ 的解向量；一般地，如果向量 $\boldsymbol{\xi}_1$，$\boldsymbol{\xi}_2$，…，$\boldsymbol{\xi}_l$ 都是其导出组 $\boldsymbol{Ax} = \boldsymbol{o}$ 的解向量，向量 $\boldsymbol{\eta}$ 是它的解向量，即有关系式

$$\boldsymbol{A\xi}_i = \boldsymbol{o} \quad (i = 1, 2, \cdots, l) \text{ 与 } \boldsymbol{A\eta} = \boldsymbol{\beta}$$

c_1，c_2，…，c_l 为任意常数，这时也有关系式

$$\begin{aligned} &\boldsymbol{A}(c_1\boldsymbol{\xi}_1 + c_2\boldsymbol{\xi}_2 + \cdots + c_l\boldsymbol{\xi}_l + \boldsymbol{\eta}) \\ =\ &\boldsymbol{A}(c_1\boldsymbol{\xi}_1) + \boldsymbol{A}(c_2\boldsymbol{\xi}_2) + \cdots + \boldsymbol{A}(c_l\boldsymbol{\xi}_l) + \boldsymbol{A\eta} = \boldsymbol{o} + \boldsymbol{o} + \cdots + \boldsymbol{o} + \boldsymbol{\beta} = \boldsymbol{\beta} \end{aligned}$$

说明和 $c_1\boldsymbol{\xi}_1 + c_2\boldsymbol{\xi}_2 + \cdots + c_l\boldsymbol{\xi}_l + \boldsymbol{\eta}$ 也是此非齐次线性方程组 $\boldsymbol{Ax} = \boldsymbol{\beta}(\boldsymbol{\beta} \neq \boldsymbol{o})$ 的解向量. 综合

上述讨论,非齐次线性方程组的解向量具有下列性质:

性质1 已知非齐次线性方程组 $\boldsymbol{Ax}=\boldsymbol{\beta}(\boldsymbol{\beta}\neq\boldsymbol{o})$,如果向量 $\boldsymbol{\eta}_1,\boldsymbol{\eta}_2$ 都是它的解向量,则差 $\boldsymbol{\eta}_1-\boldsymbol{\eta}_2$ 是其导出组 $\boldsymbol{Ax}=\boldsymbol{o}$ 的解向量;

性质2 已知非齐次线性方程组 $\boldsymbol{Ax}=\boldsymbol{\beta}(\boldsymbol{\beta}\neq\boldsymbol{o})$,如果向量 $\boldsymbol{\xi}$ 是其导出组 $\boldsymbol{Ax}=\boldsymbol{o}$ 的解向量,向量 $\boldsymbol{\eta}$ 是它的解向量,则和 $\boldsymbol{\xi}+\boldsymbol{\eta}$ 也是它的解向量;

性质3 已知非齐次线性方程组 $\boldsymbol{Ax}=\boldsymbol{\beta}(\boldsymbol{\beta}\neq\boldsymbol{o})$,如果向量 $\boldsymbol{\xi}_1,\boldsymbol{\xi}_2,\cdots,\boldsymbol{\xi}_l$ 都是其导出组 $\boldsymbol{Ax}=\boldsymbol{o}$ 的解向量,向量 $\boldsymbol{\eta}$ 是它的解向量,$c_1,c_2,\cdots,c_l$ 为任意常数,则和 $c_1\boldsymbol{\xi}_1+c_2\boldsymbol{\xi}_2+\cdots+c_l\boldsymbol{\xi}_l+\boldsymbol{\eta}$ 也是它的解向量.

例4 单项选择题

已知非齐次线性方程组 $\boldsymbol{Ax}=\boldsymbol{\beta}(\boldsymbol{\beta}\neq\boldsymbol{o})$,若向量 $\boldsymbol{\eta}_1,\boldsymbol{\eta}_2$ 都是它的解向量,则线性组合 $2\boldsymbol{\eta}_1+3\boldsymbol{\eta}_2$ 为非齐次线性方程组(　　)的解向量.

(a)$\boldsymbol{Ax}=\boldsymbol{\beta}\ (\boldsymbol{\beta}\neq\boldsymbol{o})$　　(b)$\boldsymbol{Ax}=2\boldsymbol{\beta}\ (\boldsymbol{\beta}\neq\boldsymbol{o})$

(c)$\boldsymbol{Ax}=3\boldsymbol{\beta}\ (\boldsymbol{\beta}\neq\boldsymbol{o})$　　(d)$\boldsymbol{Ax}=5\boldsymbol{\beta}\ (\boldsymbol{\beta}\neq\boldsymbol{o})$

解:由于向量 $\boldsymbol{\eta}_1,\boldsymbol{\eta}_2$ 都是非齐次线性方程组 $\boldsymbol{Ax}=\boldsymbol{\beta}(\boldsymbol{\beta}\neq\boldsymbol{o})$ 的解向量,从而有关系式

$$\boldsymbol{A\eta}_1=\boldsymbol{\beta} \text{ 与 } \boldsymbol{A\eta}_2=\boldsymbol{\beta}$$

这时有关系式

$$\boldsymbol{A}(2\boldsymbol{\eta}_1+3\boldsymbol{\eta}_2)=\boldsymbol{A}(2\boldsymbol{\eta}_1)+\boldsymbol{A}(3\boldsymbol{\eta}_2)=2\boldsymbol{A\eta}_1+3\boldsymbol{A\eta}_2=2\boldsymbol{\beta}+3\boldsymbol{\beta}=5\boldsymbol{\beta}$$

说明线性组合 $2\boldsymbol{\eta}_1+3\boldsymbol{\eta}_2$ 是非齐次线性方程组 $\boldsymbol{Ax}=5\boldsymbol{\beta}(\boldsymbol{\beta}\neq\boldsymbol{o})$ 的解向量,这个正确答案恰好就是备选答案(d),所以选择(d).

例5 填空题

已知三元非齐次线性方程组 $\boldsymbol{Ax}=\boldsymbol{\beta}(\boldsymbol{\beta}\neq\boldsymbol{o})$,其增广矩阵 $\overline{\boldsymbol{A}}$ 的秩 $\mathrm{r}(\overline{\boldsymbol{A}})$ 与系数矩阵 $\boldsymbol{A}$ 的秩 $\mathrm{r}(\boldsymbol{A})$ 都等于1,若向量 $\boldsymbol{\eta}_1,\boldsymbol{\eta}_2,\boldsymbol{\eta}_3$ 都是它的解向量,且向量 $\boldsymbol{\eta}_1-\boldsymbol{\eta}_3$ 与 $\boldsymbol{\eta}_2-\boldsymbol{\eta}_3$ 对应分量不成比例,则其导出组 $\boldsymbol{Ax}=\boldsymbol{o}$ 的一个基础解系为______.

解:由于增广矩阵 $\overline{\boldsymbol{A}}$ 的秩 $\mathrm{r}(\overline{\boldsymbol{A}})$ 与系数矩阵 $\boldsymbol{A}$ 的秩 $\mathrm{r}(\boldsymbol{A})$ 都等于1,而未知量的个数 n 等于3,有秩

$$\mathrm{r}(\overline{\boldsymbol{A}})=\mathrm{r}(\boldsymbol{A})=1<n=3$$

因而此非齐次线性方程组 $\boldsymbol{Ax}=\boldsymbol{\beta}(\boldsymbol{\beta}\neq\boldsymbol{o})$ 有无穷多解,其导出组 $\boldsymbol{Ax}=\boldsymbol{o}$ 也有无穷多解,存在基础解系,且基础解系含 $n-\mathrm{r}(\boldsymbol{A})=3-1=2$ 个线性无关解向量.

注意到向量 $\boldsymbol{\eta}_1,\boldsymbol{\eta}_2,\boldsymbol{\eta}_3$ 都是非齐次线性方程组 $\boldsymbol{Ax}=\boldsymbol{\beta}(\boldsymbol{\beta}\neq\boldsymbol{o})$ 的解向量,根据非齐次线性方程组解向量的性质,向量 $\boldsymbol{\eta}_1-\boldsymbol{\eta}_3,\boldsymbol{\eta}_2-\boldsymbol{\eta}_3$ 都是其导出组 $\boldsymbol{Ax}=\boldsymbol{o}$ 的解向量,又由于向量 $\boldsymbol{\eta}_1-\boldsymbol{\eta}_3$ 与 $\boldsymbol{\eta}_2-\boldsymbol{\eta}_3$ 对应分量不成比例,从而向量组 $\boldsymbol{\eta}_1-\boldsymbol{\eta}_3,\boldsymbol{\eta}_2-\boldsymbol{\eta}_3$ 线性无关,这说明导出组 $\boldsymbol{Ax}=\boldsymbol{o}$ 的一个基础解系为 $\boldsymbol{\eta}_1-\boldsymbol{\eta}_3,\boldsymbol{\eta}_2-\boldsymbol{\eta}_3$,于是应将“$\boldsymbol{\eta}_1-\boldsymbol{\eta}_3,\boldsymbol{\eta}_2-\boldsymbol{\eta}_3$”直接填在空内.

已知 n 元非齐次线性方程组 $\boldsymbol{Ax}=\boldsymbol{\beta}(\boldsymbol{\beta}\neq\boldsymbol{o})$,增广矩阵为 $\overline{\boldsymbol{A}}$,若秩 $\mathrm{r}(\overline{\boldsymbol{A}})=\mathrm{r}(\boldsymbol{A})=r<n$,则有无穷多解,且有 $n-r$ 个自由未知量,从而无穷多解的一般表达式含 $n-r$ 个任意常数,说明解向量组含无穷多个解向量,其一般表达式也含 $n-r$ 个任意常数,这时解向量的一般表达式称为全部解,全部解当然含 $n-r$ 个任意常数. 自然提出问题:非齐次线性方程组的全

部解有着怎样的结构?可以得到下面的定理.

定理 3.4(非齐次线性方程组解的结构定理)　已知 n 元非齐次线性方程组 $\boldsymbol{Ax}=\boldsymbol{\beta}$ $(\boldsymbol{\beta}\neq\boldsymbol{o})$,它有无穷多解,且系数矩阵 $\boldsymbol{A}$ 的秩 $\mathrm{r}(\boldsymbol{A})=r$,如果导出组 $\boldsymbol{Ax}=\boldsymbol{o}$ 的一个基础解系为 $\boldsymbol{\xi}_1,\boldsymbol{\xi}_2,\cdots,\boldsymbol{\xi}_{n-r}$,它的一个解向量为 $\boldsymbol{\eta}$,则此非齐次线性方程组 $\boldsymbol{Ax}=\boldsymbol{\beta}(\boldsymbol{\beta}\neq\boldsymbol{o})$ 的全部解为导出组 $\boldsymbol{Ax}=\boldsymbol{o}$ 的全部解与它的一个解向量 $\boldsymbol{\eta}$ 之和,即解向量

$$\boldsymbol{x}=c_1\boldsymbol{\xi}_1+c_2\boldsymbol{\xi}_2+\cdots+c_{n-r}\boldsymbol{\xi}_{n-r}+\boldsymbol{\eta}\quad(c_1,c_2,\cdots,c_{n-r}\text{ 为任意常数})$$

§3.4　投入产出问题

作为线性方程组的应用,下面讨论投入产出问题.

考虑一个经济系统,它由 n 个部门组成,这 n 个部门之间在产品的生产与分配上有着复杂的经济与技术联系,这种联系可以按实物表现,也可以按价值表现.下面的讨论采用价值表现,即所有数值都按价值单位计量.在复杂的联系中,每一个部门都有双重身份,一方面作为生产者将自己的产品分配给各部门,并提供最终产品,它们之和即为此部门的总产出;另一方面作为消费者消耗各部门的产品,即接收各部门的投入,同时创造价值,它们之和即为对此部门的总投入.当然,一个部门的总产出应该等于对它的总投入.

首先考察各部门作为生产者的情况:

第 1 部门分配给第 1 部门的产品为 x_{11},分配给第 2 部门的产品为 x_{12},…,分配给第 n 部门的产品为 x_{1n},最终产品为 y_1,总产出为 x_1;

第 2 部门分配给第 1 部门的产品为 x_{21},分配给第 2 部门的产品为 x_{22},…,分配给第 n 部门的产品为 x_{2n},最终产品为 y_2,总产出为 x_2;

…　…

第 n 部门分配给第 1 部门的产品为 x_{n1},分配给第 2 部门的产品为 x_{n2},…,分配给第 n 部门的产品为 x_{nn},最终产品为 y_n,总产出为 x_n.

其次考察各部门作为消费者的情况:

第 1 部门消耗第 1 部门的产品为 x_{11},消耗第 2 部门的产品为 x_{21},…,消耗第 n 部门的产品为 x_{n1},创造价值为 z_1,得到的总投入为它的总产出 x_1;

第 2 部门消耗第 1 部门的产品为 x_{12},消耗第 2 部门的产品为 x_{22},…,消耗第 n 部门的产品为 x_{n2},创造价值为 z_2,得到的总投入为它的总产出 x_2;

…　…

第 n 部门消耗第 1 部门的产品为 x_{1n},消耗第 2 部门的产品为 x_{2n},…,消耗第 n 部门的产品为 x_{nn},创造价值为 z_n,得到的总投入为它的总产出 x_n.

在上面的讨论中,第 i 部门分配给第 j 部门的产品 x_{ij},当然也就是第 j 部门消耗第 i 部门的产品 $(i=1,2,\cdots,n;j=1,2,\cdots,n)$,这是容易理解的.

将上面的数据列成一张表,这张表称为投入产出平衡表,如表 3-1:

表 3-1

部门间流量（产出 / 投入）		消费部门 1	2	…	n	最终产品	总产出
生产部门	1	x_{11}	x_{12}	…	x_{1n}	y_1	x_1
	2	x_{21}	x_{22}	…	x_{2n}	y_2	x_2
	⋮	⋮	⋮		⋮	⋮	⋮
	n	x_{n1}	x_{n2}	…	x_{nn}	y_n	x_n
创造价值		z_1	z_2	…	z_n		
总投入		x_1	x_2	…	x_n		

在表 3-1 的前 n 行中，每一行都反映出该部门作为生产者将自己的产品分配给各部门，这些产品加上该部门的最终产品应该等于它的总产出，即

$$\begin{cases} x_1 = x_{11} + x_{12} + \cdots + x_{1n} + y_1 \\ x_2 = x_{21} + x_{22} + \cdots + x_{2n} + y_2 \\ \quad\cdots \qquad \cdots \\ x_n = x_{n1} + x_{n2} + \cdots + x_{nn} + y_n \end{cases}$$

这个方程组称为产品分配平衡方程组.

在表 3-1 的前 n 列中，每一列都反映出该部门作为消费者消耗各部门的产品，即接收各部门对它的投入，这些投入加上该部门的创造价值就是对它的总投入，应该等于它的总产出，即

$$\begin{cases} x_1 = x_{11} + x_{21} + \cdots + x_{n1} + z_1 \\ x_2 = x_{12} + x_{22} + \cdots + x_{n2} + z_2 \\ \quad\cdots \qquad \cdots \\ x_n = x_{1n} + x_{2n} + \cdots + x_{nn} + z_n \end{cases}$$

这个方程组称为产品消耗平衡方程组.

比较两个方程组，容易看出：在一般情况下，一个部门的最终产品并不恒等于它的创造价值，即等式 $y_i = z_i (i = 1, 2, \cdots, n)$ 非恒成立. 但是，所有部门的最终产品之和一定等于它们的创造价值之和，即

$$y_1 + y_2 + \cdots + y_n = z_1 + z_2 + \cdots + z_n$$

为了揭示部门间流量与总投入的内在联系，还要考虑一个部门消耗各部门的产品在对该部门的总投入中占有多大比重，于是引进下面的概念.

定义 3.5 第 j 部门消耗第 i 部门的产品 x_{ij} 在对第 j 部门的总投入 x_j 中占有的比重，称为第 j 部门对第 i 部门的直接消耗系数，记作

$$a_{ij} = \frac{x_{ij}}{x_j} \quad (i = 1, 2, \cdots, n; j = 1, 2, \cdots, n)$$

在表 3-1 中，每个部门间流量除以所在列的总投入，就得到部门间的直接消耗系数，共有 n^2 个，它们构成一个 n 阶方阵，称为直接消耗系数矩阵，记作 $\mathbf{A} = (a_{ij})_{n \times n}$，即

$$A=\begin{pmatrix} a_{11} & a_{12} & \cdots & a_{1n} \\ a_{21} & a_{22} & \cdots & a_{2n} \\ \vdots & \vdots & & \vdots \\ a_{n1} & a_{n2} & \cdots & a_{nn} \end{pmatrix}=\begin{pmatrix} \frac{x_{11}}{x_1} & \frac{x_{12}}{x_2} & \cdots & \frac{x_{1n}}{x_n} \\ \frac{x_{21}}{x_1} & \frac{x_{22}}{x_2} & \cdots & \frac{x_{2n}}{x_n} \\ \vdots & \vdots & & \vdots \\ \frac{x_{n1}}{x_1} & \frac{x_{n2}}{x_2} & \cdots & \frac{x_{nn}}{x_n} \end{pmatrix}$$

直接消耗系数具有下列性质：

性质 1　$0\leqslant a_{ij}<1\quad(i=1,2,\cdots,n;j=1,2,\cdots,n)$

性质 2　$a_{1j}+a_{2j}+\cdots+a_{nj}<1\quad(j=1,2,\cdots,n)$

例 1　已知一个经济系统包括三个部门，报告期的投入产出平衡表如表 3－2：

表 3－2

部门间流量（投入＼产出）		消费部门 1	消费部门 2	消费部门 3	最终产品	总产出
生产部门	1	30	40	15	215	300
	2	30	20	30	120	200
	3	30	20	30	70	150
创造价值		210	120	75		
总投入		300	200	150		

求报告期的直接消耗系数矩阵 **A**.

解：根据直接消耗系数的定义，得到报告期的直接消耗系数矩阵

$$A=\begin{pmatrix} \frac{30}{300} & \frac{40}{200} & \frac{15}{150} \\ \frac{30}{300} & \frac{20}{200} & \frac{30}{150} \\ \frac{30}{300} & \frac{20}{200} & \frac{30}{150} \end{pmatrix}=\begin{pmatrix} 0.1 & 0.2 & 0.1 \\ 0.1 & 0.1 & 0.2 \\ 0.1 & 0.1 & 0.2 \end{pmatrix}$$

直接消耗系数基本上是技术性的，因而是相对稳定的，在短期内变化很小. 根据直接消耗系数的定义，有

$$x_{ij}=a_{ij}x_j\quad(i=1,2,\cdots,n;j=1,2,\cdots,n)$$

代入到产品分配平衡方程组，得到

$$\begin{cases} x_1=a_{11}x_1+a_{12}x_2+\cdots+a_{1n}x_n+y_1 \\ x_2=a_{21}x_1+a_{22}x_2+\cdots+a_{2n}x_n+y_2 \\ \qquad\cdots\qquad\qquad\cdots \\ x_n=a_{n1}x_1+a_{n2}x_2+\cdots+a_{nn}x_n+y_n \end{cases}$$

它可以表示为矩阵形式

$$X=AX+Y$$

即有

$$(\boldsymbol{I}-\boldsymbol{A})\boldsymbol{X}=\boldsymbol{Y}$$

其中矩阵 **A** 为直接消耗系数矩阵,即矩阵

$$\boldsymbol{A}=\begin{pmatrix} a_{11} & a_{12} & \cdots & a_{1n} \\ a_{21} & a_{22} & \cdots & a_{2n} \\ \vdots & \vdots & & \vdots \\ a_{n1} & a_{n2} & \cdots & a_{nn} \end{pmatrix}$$

矩阵 **X** 为总产出矩阵,矩阵 **Y** 为最终产品矩阵,即矩阵

$$\boldsymbol{X}=\begin{pmatrix} x_1 \\ x_2 \\ \vdots \\ x_n \end{pmatrix} \text{与 } \boldsymbol{Y}=\begin{pmatrix} y_1 \\ y_2 \\ \vdots \\ y_n \end{pmatrix}$$

应用投入产出方法所要解决的一个重要问题是:已知经济系统在报告期内的直接消耗系数矩阵 **A**,各部门在计划期内的最终产品 **Y**,预测各部门在计划期内的总产出 **X**. 由于直接消耗系数在短期内变化很小,因而可以认为计划期内的直接消耗系数矩阵与报告期内的直接消耗系数矩阵是一样的. 所以这个问题就化为解计划期内产品分配平衡的线性方程组

$$(\boldsymbol{I}-\boldsymbol{A})\boldsymbol{X}=\boldsymbol{Y}$$

根据直接消耗系数的性质,经过比较复杂的推导,可以得到下面的定理.

定理 3.5 产品分配平衡的线性方程组

$$(\boldsymbol{I}-\boldsymbol{A})\boldsymbol{X}=\boldsymbol{Y}$$

有唯一解且为非负解.

当然,解这个线性方程组的方法仍然是:对增广矩阵作初等行变换,直至化为简化阶梯形矩阵.

例 2 已知一个经济系统包括三个部门,在报告期内的直接消耗系数矩阵

$$\boldsymbol{A}=\begin{pmatrix} 0.2 & 0.1 & 0.2 \\ 0.1 & 0.2 & 0.2 \\ 0.1 & 0.1 & 0.1 \end{pmatrix}$$

若各部门在计划期内的最终产品为 $y_1=75, y_2=120, y_3=225$,预测各部门在计划期内的总产出 x_1, x_2, x_3.

解:写出总产出矩阵 **X** 与最终产品矩阵 **Y**,有

$$\boldsymbol{X}=\begin{pmatrix} x_1 \\ x_2 \\ x_3 \end{pmatrix} \text{与 } \boldsymbol{Y}=\begin{pmatrix} 75 \\ 120 \\ 225 \end{pmatrix}$$

容易得到矩阵

$$\boldsymbol{I}-\boldsymbol{A}=\begin{pmatrix} 1 & 0 & 0 \\ 0 & 1 & 0 \\ 0 & 0 & 1 \end{pmatrix}-\begin{pmatrix} 0.2 & 0.1 & 0.2 \\ 0.1 & 0.2 & 0.2 \\ 0.1 & 0.1 & 0.1 \end{pmatrix}=\begin{pmatrix} 0.8 & -0.1 & -0.2 \\ -0.1 & 0.8 & -0.2 \\ -0.1 & -0.1 & 0.9 \end{pmatrix}$$

解线性方程组

$(\boldsymbol{I}-\boldsymbol{A})\boldsymbol{X}=\boldsymbol{Y}$

对增广矩阵作初等行变换，直至化为简化阶梯形矩阵，有

$$\left(\begin{array}{ccc|c} 0.8 & -0.1 & -0.2 & 75 \\ -0.1 & 0.8 & -0.2 & 120 \\ -0.1 & -0.1 & 0.9 & 225 \end{array}\right)$$

（第 1 行至第 3 行各行分别乘以 −10）

$$\rightarrow\left(\begin{array}{ccc|c} -8 & 1 & 2 & -750 \\ 1 & -8 & 2 & -1\,200 \\ 1 & 1 & -9 & -2\,250 \end{array}\right)$$

（交换第 1 行与第 3 行）

$$\rightarrow\left(\begin{array}{ccc|c} 1 & 1 & -9 & -2\,250 \\ 1 & -8 & 2 & -1\,200 \\ -8 & 1 & 2 & -750 \end{array}\right)$$

（第 1 行的 −1 倍加到第 2 行上去，第 1 行的 8 倍加到第 3 行上去）

$$\rightarrow\left(\begin{array}{ccc|c} 1 & 1 & -9 & -2\,250 \\ 0 & -9 & 11 & 1\,050 \\ 0 & 9 & -70 & -18\,750 \end{array}\right)$$

（第 2 行加到第 3 行上去）

$$\rightarrow\left(\begin{array}{ccc|c} 1 & 1 & -9 & -2\,250 \\ 0 & -9 & 11 & 1\,050 \\ 0 & 0 & -59 & -17\,700 \end{array}\right)$$

（第 3 行乘以 $-\dfrac{1}{59}$）

$$\rightarrow\left(\begin{array}{ccc|c} 1 & 1 & -9 & -2\,250 \\ 0 & -9 & 11 & 1\,050 \\ 0 & 0 & 1 & 300 \end{array}\right)$$

（第 3 行的 9 倍加到第 1 行上去，第 3 行的 −11 倍加到第 2 行上去）

$$\rightarrow\left(\begin{array}{ccc|c} 1 & 1 & 0 & 450 \\ 0 & -9 & 0 & -2\,250 \\ 0 & 0 & 1 & 300 \end{array}\right)$$

（第 2 行乘以 $-\dfrac{1}{9}$）

$$\rightarrow\left(\begin{array}{ccc|c} 1 & 1 & 0 & 450 \\ 0 & 1 & 0 & 250 \\ 0 & 0 & 1 & 300 \end{array}\right)$$

（第 2 行的 −1 倍加到第 1 行上去）

$$\rightarrow\left(\begin{array}{ccc:c}1&0&0&200\\0&1&0&250\\0&0&1&300\end{array}\right)$$

所以此线性方程组的解为

$$\begin{cases}x_1=200\\x_2=250\\x_3=300\end{cases}$$

即各部门在计划期内总产出的预测值为 $x_1=200$,$x_2=250$,$x_3=300$. 这个结果说明:若各部门在计划期内向市场提供的商品量为 $y_1=75$,$y_2=120$,$y_3=225$,则应向它们下达生产计划指标 $x_1=200$,$x_2=250$,$x_3=300$.

投入产出方法是研究一个经济系统各部门联系平衡的一种科学方法,在经济领域内有着广泛的应用.

习题三

3.01 已知线性方程组

$$\begin{cases}x_1+x_2+2x_3+3x_4=1\\x_1+2x_2+3x_3-x_4=-4\\3x_1-x_2-x_3-2x_4=-4\\2x_1+3x_2-x_3-x_4=-6\end{cases}$$

(1) 求增广矩阵 $\overline{\mathbf{A}}$ 的秩 $\mathrm{r}(\overline{\mathbf{A}})$ 与系数矩阵 $\mathbf{A}$ 的秩 $\mathrm{r}(\mathbf{A})$;

(2) 判别此线性方程组解的情况,若有解,则求解.

3.02 已知线性方程组

$$\begin{cases}x_1+x_3=5\\3x_1+2x_2+7x_3=9\end{cases}$$

(1) 求增广矩阵 $\overline{\mathbf{A}}$ 的秩 $\mathrm{r}(\overline{\mathbf{A}})$ 与系数矩阵 $\mathbf{A}$ 的秩 $\mathrm{r}(\mathbf{A})$;

(2) 判别此线性方程组解的情况,若有解,则求解.

3.03 已知线性方程组

$$\begin{cases}x_1-2x_2+3x_3-4x_4=4\\x_2-x_3+x_4=-3\\x_1+3x_2-3x_4=1\\-7x_2+3x_3+x_4=-3\end{cases}$$

(1) 求增广矩阵 $\overline{\mathbf{A}}$ 的秩 $\mathrm{r}(\overline{\mathbf{A}})$ 与系数矩阵 $\mathbf{A}$ 的秩 $\mathrm{r}(\mathbf{A})$;

(2) 判别此线性方程组解的情况,若有解,则求解.

3.04　已知线性方程组

$$\begin{cases} x_1+x_2+x_3+x_4=3 \\ x_1+x_2+2x_3+x_4=3 \\ -x_1+2x_2+5x_3-x_4=0 \end{cases}$$

(1) 求增广矩阵 $\bar{\mathbf{A}}$ 的秩 $r(\bar{\mathbf{A}})$ 与系数矩阵 $\mathbf{A}$ 的秩 $r(\mathbf{A})$；

(2) 判别此线性方程组解的情况，若有解，则求解.

3.05　已知线性方程组

$$\begin{cases} 3x_1+4x_2+x_3+2x_4=3 \\ 6x_1+8x_2+2x_3+5x_4=7 \\ 9x_1+12x_2+3x_3+10x_4=13 \end{cases}$$

(1) 求增广矩阵 $\bar{\mathbf{A}}$ 的秩 $r(\bar{\mathbf{A}})$ 与系数矩阵 $\mathbf{A}$ 的秩 $r(\mathbf{A})$；

(2) 判别此线性方程组解的情况，若有解，则求解.

3.06　已知线性方程组

$$\begin{cases} x_1+2x_2-2x_3+3x_4=2 \\ 2x_1+4x_2-3x_3+4x_4=5 \\ 3x_1+6x_2-5x_3+7x_4=8 \end{cases}$$

(1) 求增广矩阵 $\bar{\mathbf{A}}$ 的秩 $r(\bar{\mathbf{A}})$ 与系数矩阵 $\mathbf{A}$ 的秩 $r(\mathbf{A})$；

(2) 判别此线性方程组解的情况，若有解，则求解.

3.07　已知线性方程组

$$\begin{cases} x_1+2x_3=\lambda \\ 2x_2-x_3=\lambda^2 \\ 2x_1+\lambda^2x_3=4 \end{cases}$$

讨论当常数 λ 为何值时，它有唯一解、有无穷多解或无解.

3.08　已知线性方程组

$$\begin{cases} x_1+2x_2-x_3+4x_4=2 \\ 2x_1+5x_2+x_3+15x_4=7 \\ x_1+3x_2+2x_3+11x_4=\lambda \end{cases}$$

有解，求常数 λ 的值.

3.09　已知齐次线性方程组

$$\begin{cases} x_1+x_3=0 \\ 3x_1+x_2+2x_3=0 \\ -x_2+x_3=0 \end{cases}$$

(1) 判别有无非零解；

(2) 若有非零解，则求解的一般表达式.

3.10　已知齐次线性方程组

$$\begin{cases} x_1+x_2=0 \\ 3x_1+2x_2=0 \end{cases}$$

(1) 判别有无非零解；

(2) 若有非零解，则求解的一般表达式.

3.11　已知齐次线性方程组

$$\begin{cases} x_1 + 3x_2 - 2x_3 = 0 \\ -2x_1 - 5x_2 + x_3 = 0 \end{cases}$$

(1) 判别有无非零解；

(2) 若有非零解，则求解的一般表达式.

3.12　已知齐次线性方程组

$$\begin{cases} x_1 - 2x_2 + 4x_3 = 0 \\ x_1 - x_2 + x_3 = 0 \\ 2x_1 + x_2 - 7x_3 = 0 \end{cases}$$

(1) 判别是否存在基础解系？

(2) 若存在基础解系，则求一个基础解系.

3.13　已知齐次线性方程组

$$\begin{cases} x_1 - x_2 + 2x_3 + x_4 = 0 \\ -x_1 + x_2 - x_3 - 2x_4 = 0 \\ 3x_1 - 3x_2 + 5x_3 + 4x_4 = 0 \end{cases}$$

(1) 判别是否存在基础解系？

(2) 若存在基础解系，则求一个基础解系.

3.14　设齐次线性方程组

$$\begin{cases} x_1 + \lambda x_2 + x_3 = 0 \\ \lambda x_1 + x_2 + x_3 = 0 \end{cases}$$

若基础解系含 2 个线性无关解向量，求系数 λ 的值.

3.15　已知一个经济系统包括三个部门，报告期的投入产出平衡表如表 3 - 3：

表 3 - 3

部门间流量 / 投入 \ 产出		消费部门 1	消费部门 2	消费部门 3	最终产品	总产出
生产部门	1	32	10	10	28	80
	2	8	40	5	47	100
	3	8	10	15	17	50
创造价值		32	40	20		
总投入		80	100	50		

求报告期的直接消耗系数矩阵 $\mathbf{A}$.

3.16　已知一个经济系统包括三个部门，在报告期内的直接消耗系数矩阵

$$\mathbf{A} = \begin{pmatrix} 0.6 & 0.1 & 0.1 \\ 0.1 & 0.6 & 0.1 \\ 0.1 & 0.1 & 0.6 \end{pmatrix}$$

若各部门在计划期内的最终产品为 $y_1 = 30, y_2 = 40, y_3 = 30$，预测各部门在计划期内的总产出 x_1, x_2, x_3.

3.17　填空题

(1) 若线性方程组 $\boldsymbol{AX}=\boldsymbol{B}$ 的增广矩阵 $\overline{\boldsymbol{A}}$ 经初等行变换化为

$$\overline{\boldsymbol{A}} \to \left(\begin{array}{ccc:c} 1 & 2 & 0 & 1 \\ 0 & 0 & 1 & 2 \end{array}\right)$$

则此线性方程组的解为______.

(2) 已知线性方程组 $\boldsymbol{AX}=\boldsymbol{B}$ 有解，若系数矩阵 $\boldsymbol{A}$ 的秩 $r(\boldsymbol{A})=4$，则增广矩阵 $\overline{\boldsymbol{A}}$ 的秩 $r(\overline{\boldsymbol{A}})=$ ______.

(3) 若线性方程组 $\boldsymbol{AX}=\boldsymbol{B}$ 的增广矩阵 $\overline{\boldsymbol{A}}$ 经初等行变换化为

$$\overline{\boldsymbol{A}} \to \left(\begin{array}{cc:c} 1 & 3 & 0 \\ 0 & 2 & 1 \\ 0 & 0 & a-2 \end{array}\right)$$

则当常数 $a=$ ______时，此线性方程组有唯一解.

(4) 若线性方程组 $\boldsymbol{AX}=\boldsymbol{B}$ 的增广矩阵 $\overline{\boldsymbol{A}}$ 经初等行变换化为

$$\overline{\boldsymbol{A}} \to \left(\begin{array}{ccc:c} 1 & 2 & 3 & 4 \\ 0 & 0 & 1 & 2 \\ 0 & 0 & \lambda & 12 \end{array}\right)$$

则当常数 $\lambda=$ ______时，此线性方程组有无穷多解.

(5) 若线性方程组 $\boldsymbol{AX}=\boldsymbol{B}$ 的增广矩阵 $\overline{\boldsymbol{A}}$ 经初等行变换化为

$$\overline{\boldsymbol{A}} \to \left(\begin{array}{ccc:c} 3 & 2 & 0 & 0 \\ 0 & 0 & a+1 & 1 \end{array}\right)$$

则当常数 $a=$ ______时，此线性方程组无解.

(6) 已知五元齐次线性方程组 $\boldsymbol{AX}=\boldsymbol{O}$，若它仅有零解，则系数矩阵 $\boldsymbol{A}$ 的秩 $r(\boldsymbol{A})=$ ______.

(7) 齐次线性方程组

$$\begin{cases} x_1 \quad\quad - x_3 = 0 \\ \quad\quad x_2 \quad\quad = 0 \end{cases}$$

的解为______.

(8) 已知四元齐次线性方程组 $\boldsymbol{Ax}=\boldsymbol{o}$，若其基础解系含 1 个线性无关解向量，则系数矩阵 $\boldsymbol{A}$ 的秩 $r(\boldsymbol{A})=$ ______.

3.18　单项选择题

(1) 已知线性方程组 $\boldsymbol{AX}=\boldsymbol{B}$，其中系数矩阵 $\boldsymbol{A}=\begin{pmatrix} 1 & 0 \\ -2 & 1 \end{pmatrix}$，若 $\boldsymbol{X}_0=\begin{pmatrix} 1 \\ 2 \end{pmatrix}$ 为它的解，则常数项矩阵 $\boldsymbol{B}=$ (　　).

(a) $\begin{pmatrix} 1 \\ -2 \end{pmatrix}$　　(b) $\begin{pmatrix} 0 \\ 1 \end{pmatrix}$

(c) $\begin{pmatrix} 1 \\ 2 \end{pmatrix}$　　(d) $\begin{pmatrix} 1 \\ 0 \end{pmatrix}$

(2) 已知 n 元线性方程组 $\boldsymbol{AX}=\boldsymbol{B}$,其增广矩阵为 $\bar{\boldsymbol{A}}$,则当秩(　　)时,此线性方程组有解.

(a) $\mathrm{r}(\bar{\boldsymbol{A}})=n$　　(b) $\mathrm{r}(\bar{\boldsymbol{A}})\neq n$

(c) $\mathrm{r}(\bar{\boldsymbol{A}})=\mathrm{r}(\boldsymbol{A})$　　(d) $\mathrm{r}(\bar{\boldsymbol{A}})\neq\mathrm{r}(\boldsymbol{A})$

(3) 已知 n 元线性方程组 $\boldsymbol{AX}=\boldsymbol{B}$,若系数矩阵 $\boldsymbol{A}$ 的秩 $\mathrm{r}(\boldsymbol{A})$ 与增广矩阵 $\bar{\boldsymbol{A}}$ 的秩 $\mathrm{r}(\bar{\boldsymbol{A}})$ 皆等于 r,则当(　　)时,此线性方程组有无穷多解.

(a) $r<n$　　(b) $r\leqslant n$

(c) $r>n$　　(d) $r\geqslant n$

(4) 若线性方程组 $\boldsymbol{AX}=\boldsymbol{B}$ 的增广矩阵 $\bar{\boldsymbol{A}}$ 经初等行变换化为

$$\bar{\boldsymbol{A}}\to\left(\begin{array}{ccc:c}2&0&2&3\\0&\lambda&\lambda&1\\0&0&0&\lambda\end{array}\right)$$

其中 λ 为常数,则此线性方程组(　　).

(a) 可能有无穷多解　　(b) 一定有无穷多解

(c) 可能无解　　(d) 一定无解

(5) 已知线性方程组

$$\begin{cases}x_1-x_2=-1\\x_2-x_3=2\\x_3-x_4=1\\-x_1+x_4=a\end{cases}$$

则当常数 $a=$(　　)时,此线性方程组有解.

(a) -2　　(b) 2

(c) -1　　(d) 1

(6) 已知四元齐次线性方程组 $\boldsymbol{AX}=\boldsymbol{O}$,若系数矩阵 $\boldsymbol{A}$ 的秩 $\mathrm{r}(\boldsymbol{A})=1$,则自由未知量的个数是(　　).

(a) 1　　(b) 2

(c) 3　　(d) 4

(7) 已知齐次线性方程组

$$\begin{cases}x_1+2x_2+3x_3=0\\x_2+3x_3=0\\2x_2+7x_3=0\end{cases}$$

则此齐次线性方程组(　　).

(a) 仅有零解　　(b) 有非零解且有 1 个自由未知量

(c) 有非零解且有 2 个自由未知量　　(d) 无解

(8) 已知非齐次线性方程组 $\boldsymbol{Ax}=\boldsymbol{\beta}(\boldsymbol{\beta}\neq 0)$,若向量 $\boldsymbol{\eta}_1,\boldsymbol{\eta}_2$ 都是它的解向量,则下列向量中(　　)也是它的解向量.

(a) $\boldsymbol{\eta}_1-\boldsymbol{\eta}_2$　　(b) $\boldsymbol{\eta}_1+\boldsymbol{\eta}_2$

(c) $2\boldsymbol{\eta}_1-\boldsymbol{\eta}_2$　　(d) $2\boldsymbol{\eta}_1+\boldsymbol{\eta}_2$

第四章

线性规划问题的数学模型与图解法

§4.1 线性规划问题的概念

在实际问题中,往往需要研究一类必须满足另外要求的线性方程组或线性不等式组的解.

例1 某中药厂用当归作原料制成当归丸与当归膏,生产1盒当归丸需要5个劳动工时,使用2kg当归原料,销售后获得利润160元;生产1瓶当归膏需要2个劳动工时,使用5kg当归原料,销售后获得利润80元.工厂现有可供利用的劳动工时为4 000工时,可供使用的当归原料为5 800kg,为了避免当归原料存放时间过长而变质,要求把这5 800kg当归原料都用掉.问工厂应如何安排生产,才能使得两种产品销售后获得的总利润最大?怎样考虑这个问题?

解:设工厂生产 x_1 盒当归丸与 x_2 瓶当归膏,称变量 x_1,x_2 为决策变量,它们不能任意取值,要受到可供利用的劳动力资源与可供使用的原料资源数量的限制.

由于生产1盒当归丸需要5个劳动工时,因而生产 x_1 盒当归丸需要 $5x_1$ 个劳动工时;由于生产1瓶当归膏需要2个劳动工时,因而生产 x_2 瓶当归膏需要 $2x_2$ 个劳动工时.这样,需要劳动工时的总量为 $5x_1+2x_2$ 个,它不能突破可供利用的4 000劳动工时,即

$$5x_1+2x_2\leqslant 4\ 000$$

由于生产1盒当归丸使用2kg当归原料,因而生产 x_1 盒当归丸使用 $2x_1$kg当归原料;由于生产1瓶当归膏使用5kg当归原料,因而生产 x_2 瓶当归膏使用 $5x_2$kg当归原料.这样,使用当归原料的总量为 $(2x_1+5x_2)$kg,考虑到现有的5 800kg当归原料都用掉,于是使用当归原料的总量应等于5 800kg,即

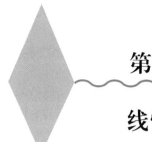

$$2x_1 + 5x_2 = 5\ 800$$

又考虑到决策变量 x_1 是盒数,决策变量 x_2 是瓶数,因而它们取值只能是正整数或零,表示为

$$x_i \geqslant 0,\text{整数} \quad (i = 1,2)$$

上面得到的线性不等式与线性方程式是决策变量 x_1,x_2 取值所必须满足的条件,它们约束决策变量 x_1,x_2 不能任意取值,称它们为约束条件.

容易看出,满足约束条件的决策变量 x_1,x_2 值有无穷多组,即表示约束条件的线性不等式与线性方程式有无穷多解.这说明仅考虑到劳动工时与当归原料的制约,对生产的安排是很有选择余地的.这些安排生产的方案都是可行的,应该从中挑选出最优方案.那么,根据什么挑选最优方案?由于每一个可行方案,即每一组满足约束条件的决策变量 x_1,x_2 值,都对应两种产品销售后获得总利润的一个值,在一般情况下,不同可行方案所对应的总利润值也不相同,所以应该找出使得总利润最大的可行方案,这就是最优方案.

由于1盒当归丸销售后获得利润160元,因而 x_1 盒当归丸销售后获得利润 $160x_1$ 元;由于1瓶当归膏销售后获得利润80元,因而 x_2 瓶当归膏销售后获得利润 $80x_2$ 元.于是两种产品销售后获得的总利润为

$$S = 160x_1 + 80x_2(\text{元})$$

它是决策变量 x_1,x_2 的线性函数,称函数 S 为目标函数.这样,最优方案就是使得目标函数 S 最大的可行方案.

经过上面的讨论,所考虑的问题归结为:求一组决策变量 x_1,x_2 的值,满足约束条件

$$\begin{cases} 5x_1 + 2x_2 \leqslant 4\ 000 \\ 2x_1 + 5x_2 = 5\ 800 \\ x_i \geqslant 0,\text{整数} \quad (i = 1,2) \end{cases}$$

且使得目标函数

$$S = 160x_1 + 80x_2$$

取值最大.再用 $\max S$ 表示 S 的最大值,上面问题记作

$$\max S = 160x_1 + 80x_2$$

$$\begin{cases} 5x_1 + 2x_2 \leqslant 4\ 000 \\ 2x_1 + 5x_2 = 5\ 800 \\ x_i \geqslant 0,\text{整数} \quad (i = 1,2) \end{cases}$$

例2 某化工厂生产甲、乙两种产品,生产1t甲种产品需要3kgA种原料与3kgB种原料,销售后获得利润8万元;生产1t乙种产品需要5kgA种原料与1kgB种原料,销售后获得利润3万元.工厂现有可供利用的A种原料为210kg,可供利用的B种原料为150kg.问工厂应如何安排生产,才能使得两种产品销售后获得的总利润最大?怎样考虑这个问题?

解:设工厂生产 x_1t甲种产品与 x_2t乙种产品,变量 x_1,x_2 即为决策变量,它们不能任意取值,要受到可供利用的A种原料与B种原料资源数量的限制.

由于生产1t甲种产品需要3kgA种原料,因而生产 x_1t甲种产品需要 $3x_1$kgA种原料;由于生产1t乙种产品需要5kgA种原料,因而生产 x_2t乙种产品需要 $5x_2$kgA种原料.这样,需要A种原料的总量为 $(3x_1 + 5x_2)$kg,它不能突破可供利用的210kgA种原料,即

$$3x_1+5x_2\leqslant 210$$

由于生产1t甲种产品需要3kgB种原料,因而生产 x_1t 甲种产品需要 $3x_1$kgB种原料;由于生产1t乙种产品需要1kgB种原料,因而生产 x_2t 乙种产品需要 $x_2$kgB种原料.这样,需要B种原料的总量为$(3x_1+x_2)$kg,它不能突破可供利用的150kg B种原料,即

$$3x_1+x_2\leqslant 150$$

又考虑到决策变量 x_1,x_2 都是产量,因而它们取值只能是非负实数,表示为

$$x_i\geqslant 0\quad (i=1,2)$$

由于1t甲种产品销售后获得利润8万元,因而 x_1t 甲种产品销售后获得利润 $8x_1$ 万元;由于1t乙种产品销售后获得利润3万元,因而 x_2t 乙种产品销售后获得利润 $3x_2$ 万元.于是两种产品销售后获得的总利润为

$$S=8x_1+3x_2(\text{万元})$$

它是决策变量 x_1,x_2 的线性函数,即为目标函数.这样,所考虑的问题记作

$$\max S=8x_1+3x_2$$

$$\begin{cases}3x_1+5x_2\leqslant 210\\3x_1+x_2\leqslant 150\\x_i\geqslant 0\quad (i=1,2)\end{cases}$$

例3　某合金厂用锡铅合金制作重量为50g的产品,锡的平均单位成本为0.8元/g,铅的平均单位成本为0.12元/g.现在规定在产品中,锡不少于25g,铅不多于30g.问工厂应如何在产品中搭配锡、铅两种原料,才能使得产品的搭配成本最低?怎样考虑这个问题?

解:设工厂在产品中搭配 x_1g 锡与 x_2g 铅,变量 x_1,x_2 即为决策变量,它们不能任意取值,要受到所给配料规则的限制.

由于产品重量为50g,用锡、铅两种原料制作而成,因而搭配锡、铅两种原料的重量之和应等于50g,即

$$x_1+x_2=50$$

由于规定在产品中,锡不少于25g,因而搭配锡的重量 x_1g 应满足

$$x_1\geqslant 25$$

由于规定在产品中,铅不多于30g,因而搭配铅的重量 x_2g 应满足

$$x_2\leqslant 30$$

又考虑到决策变量 x_1,x_2 都是重量,因而它们取值只能是非负实数,表示为

$$x_i\geqslant 0\quad (i=1,2)$$

由于锡的平均单位成本为0.8元/g,因而 x_1g 锡的成本为 $0.8x_1$ 元;由于铅的平均单位成本为0.12元/g,因而 x_2g 铅的成本为 $0.12x_2$ 元.于是产品的搭配成本为

$$S=0.8x_1+0.12x_2(\text{元})$$

它是决策变量 x_1,x_2 的线性函数,即为目标函数.再用 $\min S$ 表示 S 的最小值,这样,所考虑的问题记作

$$\min S = 0.8x_1 + 0.12x_2$$

$$\begin{cases} x_1 + x_2 = 50 \\ x_1 \geqslant 25 \\ x_2 \leqslant 30 \\ x_i \geqslant 0 \quad (i = 1,2) \end{cases}$$

在上面三个具体问题中,尽管实际背景不一样,但从抽象的数量关系来看是一样的,都归结为:求目标函数在约束条件下的最大值点或最小值点.

定义 4.1 求一组变量 $x_1, x_2, \cdots, x_n$ 的值,满足由变量的线性方程式或线性不等式及变量取值非负构成的约束条件

$$\begin{cases} a_{11}x_1 + a_{12}x_2 + \cdots + a_{1n}x_n \leqslant b_1(\text{或} \geqslant b_1, \text{或} = b_1) \\ a_{21}x_1 + a_{22}x_2 + \cdots + a_{2n}x_n \leqslant b_2(\text{或} \geqslant b_2, \text{或} = b_2) \\ \qquad \cdots \qquad\qquad \cdots \\ a_{m1}x_1 + a_{m2}x_2 + \cdots + a_{mn}x_n \leqslant b_m(\text{或} \geqslant b_m, \text{或} = b_m) \\ x_i \geqslant 0 \quad (i = 1,2,\cdots,n) \end{cases}$$

且使得作为变量线性函数的目标函数

$$S = c_1x_1 + c_2x_2 + \cdots + c_nx_n$$

取值最大(或最小),这样的问题称为线性规划问题,记作

$$\max S(\text{或 } \min S) = c_1x_1 + c_2x_2 + \cdots + c_nx_n$$

$$\begin{cases} a_{11}x_1 + a_{12}x_2 + \cdots + a_{1n}x_n \leqslant b_1(\text{或} \geqslant b_1, \text{或} = b_1) \\ a_{21}x_1 + a_{22}x_2 + \cdots + a_{2n}x_n \leqslant b_2(\text{或} \geqslant b_2, \text{或} = b_2) \\ \qquad \cdots \qquad\qquad \cdots \\ a_{m1}x_1 + a_{m2}x_2 + \cdots + a_{mn}x_n \leqslant b_m(\text{或} \geqslant b_m, \text{或} = b_m) \\ x_i \geqslant 0 \quad (i = 1,2,\cdots,n) \end{cases}$$

特别地,一类特殊的线性规划问题称为基本线性规划问题,它的形式为:

$$\max S(\text{或 } \min S) = c_1x_1 + c_1x_2 + \cdots + c_nx_n$$

$$\begin{cases} a_{11}x_1 + a_{12}x_2 + \cdots + a_{1n}x_n \leqslant b_1 \\ a_{21}x_1 + a_{22}x_2 + \cdots + a_{2n}x_n \leqslant b_2 \\ \qquad \cdots \qquad\qquad \cdots \\ a_{m1}x_1 + x_{m2}x_2 + \cdots + a_{mn}x_n \leqslant b_m \\ x_i \geqslant 0 \quad (i = 1,2,\cdots,n) \end{cases}$$

其中常数项 $b_1, b_2, \cdots, b_m$ 皆非负.

显然,构成线性规划问题的要素是决策变量、约束条件及目标函数.

关于线性规划问题的解,有下面重要的概念.

定义 4.2 在线性规划问题中,满足约束条件的解称为可行解,所有可行解的集合称为可行解集;

使得目标函数取值最大或最小的可行解称为最优解,对应于最优解的目标函数值称为最优值.

当然,解线性规划问题就是求得最优解与最优值.

§4.2　线性规划问题的数学模型

数学模型是描述实际问题共性的抽象的数学形式，对它的研究有助于认识这类问题的性质和寻求一般解法.

实际工作中线性规划问题的类型有两种：

类型1　求使得效益为最大的最优解；

类型2　求使得消耗为最小的最优解.

显然，这是同一个问题的两种提法. 求解实际工作中线性规划问题须分两个步骤，第一步骤是建立线性规划问题的数学模型，第二步骤是求得最优解.

建立线性规划问题的数学模型，就是从实际问题出发，抓住主要因素，确定决策变量，找出约束条件，并给出目标函数的表达式. 下面讨论四类典型的实际问题，建立其线性规划问题的数学模型：

1. 生产安排问题

企业如何根据现有生产能力与市场状况，安排各种产品的产量，使得各种产品销售后获得的总利润最大.

例1　某精密仪器厂生产甲、乙、丙三种仪器，生产1台甲种仪器需要7小时加工与6小时装配，销售后获得利润300元；生产1台乙种仪器需要8小时加工与4小时装配，销售后获得利润250元；生产1台丙种仪器需要5小时加工与3小时装配，销售后获得利润180元. 工厂每月可供利用的加工工时为2 000小时，可供利用的装配工时为1 200小时，又预测每月对丙种仪器的需求不超过300台. 问工厂在每月内应如何安排生产，才能使得三种仪器销售后获得的总利润最大?写出这个问题的数学模型.

解：设工厂在每月内生产 x_1 台甲种仪器、x_2 台乙种仪器及 x_3 台丙种仪器，变量 x_1, x_2, x_3 即为决策变量.

由于生产1台甲种仪器需要7小时加工，因而生产 x_1 台甲种仪器需要 $7x_1$ 小时加工；由于生产1台乙种仪器需要8小时加工，因而生产 x_2 台乙种仪器需要 $8x_2$ 小时加工；由于生产1台丙种仪器需要5小时加工，因而生产 x_3 台丙种仪器需要 $5x_3$ 小时加工. 这样，每月需要加工工时的总量为 $7x_1+8x_2+5x_3$ 小时，它不能突破每月可供利用的2 000小时加工工时，即

$$7x_1+8x_2+5x_3\leqslant 2\,000$$

由于生产1台甲种仪器需要6小时装配，因而生产 x_1 台甲种仪器需要 $6x_1$ 小时装配；由于生产1台乙种仪器需要4小时装配，因而生产 x_2 台乙种仪器需要 $4x_2$ 小时装配；由于生产1台丙种仪器需要3小时装配，因而生产 x_3 台丙种仪器需要 $3x_3$ 小时装配. 这样，每月需要装配工时的总量为 $6x_1+4x_2+3x_3$ 小时，它不能突破每月可供利用的1 200小时装配工时，即

$$6x_1+4x_2+3x_3\leqslant 1\,200$$

考虑到产品不能积压，因此产量不能超过最大需求量. 由于每月对丙种仪器的需求不超过300台，因而丙种仪器的月产量 x_3 台应满足

$$x_3\leqslant 300$$

又考虑到决策变量 x_1, x_2, x_3 都是台数，因而它们取值只能是正整数或零，表示为

$$x_i \geqslant 0, \text{整数} \quad (i=1,2,3)$$

上面得到的线性不等式构成了约束条件.

由于1台甲种仪器销售后获得利润300元，因而 x_1 台甲种仪器销售后获得利润 $300x_1$ 元；由于1台乙种仪器销售后获得利润250元，因而 x_2 台乙种仪器销售后获得利润 $250x_2$ 元；由于1台丙种仪器销售后获得利润180元，因而 x_3 台丙种仪器销售后获得利润 $180x_3$ 元. 于是三种仪器销售后获得的总利润为

$$S = 300x_1 + 250x_2 + 180x_3 (\text{元})$$

这个线性函数即为目标函数，求它在约束条件下的最大值点即最优解.

经过上面的讨论，得到这个线性规划问题的数学模型为：

$$\max S = 300x_1 + 250x_2 + 180x_3$$

$$\begin{cases} 7x_1 + 8x_2 + 5x_3 \leqslant 2\ 000 \\ 6x_1 + 4x_2 + 3x_3 \leqslant 1\ 200 \\ x_3 \leqslant 300 \\ x_i \geqslant 0, \text{整数} \quad (i=1,2,3) \end{cases}$$

§4.1例1与例2属于这类线性规划问题的数学模型. 一般地，这类生产安排线性规划问题数学模型的形式为：

$$\max S = c_1x_1 + c_2x_2 + \cdots + c_nx_n$$

$$\begin{cases} a_{11}x_1 + a_{12}x_2 + \cdots + a_{1n}x_n \leqslant b_1 \\ a_{21}x_1 + a_{22}x_2 + \cdots + a_{2n}x_n \leqslant b_2 \\ \qquad \cdots \qquad\qquad \cdots \\ a_{m1}x_1 + a_{m2}x_2 + \cdots + a_{mn}x_n \leqslant b_m \\ x_i \geqslant 0, \text{整数} \quad (i=1,2,\cdots,n) \end{cases}$$

其中常数项 $b_1, b_2, \cdots, b_m$ 皆非负. 显然，这类线性规划问题为基本线性规划问题.

2. 原料搭配问题

企业如何根据产品的质量标准，搭配各种原料，使得产品的搭配成本最低.

例2　某食堂自制饮料，每桶饮料由一桶开水搭配甲、乙两种原料溶化混合而成. 1kg甲种 原料含10g糖与30g蛋白质，购买价格为5元；1kg乙种原料含30g糖与10g蛋白质，购买价格为3元. 现在规定每桶饮料含糖的最低量为90g，含蛋白质的最低量为110g. 问食堂应如何在一桶开水中搭配甲、乙两种原料，才能使得每桶饮料的搭配成本最低?写出这个问题的数学模型.

解：设食堂在一桶开水中搭配 $x_1$kg甲种原料与 $x_2$kg乙种原料，变量 x_1, x_2 即为决策变量.

由于1kg甲种原料含10g糖，因而 $x_1$kg甲种原料含 $10x_1$g糖；由于1kg乙种原料含30g糖，因而 $x_2$kg乙种原料含 $30x_2$g糖. 这样，每桶饮料含糖的总量为 $(10x_1 + 30x_2)$g，它不能低于规定的含糖最低量90g，即

$$10x_1 + 30x_2 \geqslant 90$$

化简为

$$x_1 + 3x_2 \geqslant 9$$

由于 1kg 甲种原料含 30g 蛋白质，因而 $x_1$kg 甲种原料含 $30x_1$g 蛋白质；由于 1kg 乙种原料含 10g 蛋白质，因而 $x_2$kg 乙种原料含 $10x_2$g 蛋白质. 这样，每桶饮料含蛋白质的总量为 $(30x_1+10x_2)$g，它不能低于规定的含蛋白质最低量 110g，即

$$30x_1+10x_2\geqslant 110$$

化简为

$$3x_1+x_2\geqslant 11$$

又考虑到决策变量 x_1，x_2 都是重量，因而它们取值只能是非负实数，表示为

$$x_i\geqslant 0\quad(i=1,2)$$

上面得到的线性不等式构成了约束条件.

由于 1kg 甲种原料的购买价格为 5 元，因而 $x_1$kg 甲种原料的购买价格为 $5x_1$ 元；由于 1kg 乙种原料的购买价格为 3 元，因而 $x_2$kg 乙种原料的购买价格为 $3x_2$ 元. 于是每桶饮料的搭配成本为

$$S=5x_1+3x_2(\text{元})$$

这个线性函数即为目标函数，求它在约束条件下的最小值点即最优解.

经过上面的讨论，得到这个线性规划问题的数学模型为：

$$\min S=5x_1+3x_2$$

$$\begin{cases}x_1+3x_2\geqslant 9\\3x_1+x_2\geqslant 11\\x_i\geqslant 0\quad(i=1,2)\end{cases}$$

§4.1 例 3 属于这类线性规划问题的数学模型. 一般地，这类原料搭配线性规划问题数学模型的形式为：

$$\min S=c_1x_1+c_2x_2+\cdots+c_nx_n$$

$$\begin{cases}a_{11}x_1+a_{12}x_2+\cdots+a_{1n}x_n\geqslant b_1\\a_{21}x_1+a_{22}x_2+\cdots+a_{2n}x_n\geqslant b_2\\\qquad\cdots\qquad\qquad\cdots\\a_{m1}x_1+a_{m2}x_2+\cdots+a_{mn}x_n\geqslant b_m\\x_i\geqslant 0\quad(i=1,2,\cdots,n)\end{cases}$$

3. 条材下料问题

企业如何根据对各种规格条材的需求，选择下料方式，使得原料的耗费最省.

例 3　某家具厂需要长 80cm 的角钢与长 60cm 的角钢，它们皆从长 210cm 的角钢截得. 现在对长 80cm 角钢的需要量为 150 根，对长 60cm 角钢的需要量为 330 根. 问工厂应如何下料，才能使得用料最省?写出这个问题的数学模型.

解:共有三种下料方式，其中第一种下料方式是将 1 根长 210cm 的角钢截得 2 根长 80cm 的角钢；第二种下料方式是将 1 根长 210cm 的角钢截得 1 根长 80cm 的角钢与 2 根长 60cm 的角钢；第三种下料方式是将 1 根长 210cm 的角钢截得 3 根长 60cm 的角钢. 这三种下料方式应该混合使用，设第一种下料方式用掉 x_1 根长 210cm 的角钢，第二种下料方式用掉 x_2 根长 210cm 的角钢，第三种下料方式用掉 x_3 根长 210cm 的角钢，变量 x_1，x_2，x_3 即

为决策变量.

由于第一种下料方式从 1 根长 210cm 的角钢截得 2 根长 80cm 的角钢,因而第一种下料方式从 x_1 根长 210cm 的角钢截得 $2x_1$ 根长 80cm 的角钢;由于第二种下料方式从 1 根长 210cm 的角钢截得 1 根长 80cm 角钢,因而第二种下料方式从 x_2 根长 210cm 的角钢截得 x_2 根长 80cm 的角钢.这样,截得长 80cm 角钢的总量为 $2x_1+x_2$ 根,它不能少于对长 80cm 角钢的需要量 150 根,即

$$2x_1+x_2\geqslant 150$$

由于第二种下料方式从 1 根长 210cm 的角钢截得 2 根长 60cm 的角钢,因而第二种下料方式从 x_2 根长 210cm 的角钢截得 $2x_2$ 根长 60cm 的角钢;由于第三种下料方式从 1 根长 210cm 的角钢截得 3 根长 60cm 的角钢,因而第三种下料方式从 x_3 根长 210cm 的角钢截得 $3x_3$ 根长 60cm 的角钢.这样,截得长 60cm 角钢的总量为 $2x_2+3x_3$ 根,它不能少于对长 60cm 角钢的需要量 330 根,即

$$2x_2+3x_3\geqslant 330$$

又考虑到决策变量 x_1,x_2,x_3 都是根数,因而它们取值只能是正整数或零,表示为

$$x_i\geqslant 0,\text{整数}\quad (i=1,2,3)$$

上面得到的线性不等式构成了约束条件.

由于第一种下料方式用掉 x_1 根长 210cm 的角钢,第二种下料方式用掉 x_2 根长 210cm 的角钢,第三种下料方式用掉 x_3 根长 210cm 的角钢,于是用掉长 210cm 角钢的总数为

$$S=x_1+x_2+x_3\text{(根)}$$

这个线性函数即为目标函数,求它在约束条件下的最小值点即最优解.

经过上面的讨论,得到这个线性规划问题的数学模型为:

$$\min S=x_1+x_2+x_3$$

$$\begin{cases}2x_1+x_2\geqslant 150\\2x_2+3x_3\geqslant 330\\x_i\geqslant 0,\text{整数}\quad (i=1,2,3)\end{cases}$$

一般地,这类条材下料线性规划问题数学模型的形式为:

$$\min S=x_1+x_2+\cdots+x_n$$

$$\begin{cases}a_{11}x_1+a_{12}x_2+\cdots+a_{1n}x_n\geqslant b_1\\a_{21}x_1+a_{22}x_2+\cdots+a_{2n}x_n\geqslant b_2\\\qquad\cdots\qquad\qquad\cdots\\a_{m1}x_1+a_{m2}x_2+\cdots+a_{mn}x_n\geqslant b_m\\x_i\geqslant 0,\text{整数}\quad (i=1,2,\cdots,n)\end{cases}$$

4. 平衡运输问题

企业在产需平衡条件下如何根据若干个产(储)地与销地的产销与运价状况,组织运输,使得产品的总运费最省.

例 4　农场 A,B 生产苹果分别为 23t,27t,宾馆甲、乙、丙需要苹果分别为 17t,18t,15t.要将农场 A,B 生产的苹果运往宾馆甲、乙、丙,农场 A 到宾馆甲、乙、丙的运价分别为 50 元 /t、60 元 /t、70 元 /t,农场 B 到宾馆甲、乙、丙的运价分别为60 元 /t、110 元 /t、160 元 /t. 问农场部门应如何组织运输,才能使得总运费最省?写出这个问题的数学模型.

解:设农场 A 运往宾馆甲、乙、丙的苹果分别为 x_{11}t,x_{12}t,x_{13}t,农场 B 运往宾馆甲、乙、丙的苹果分别为 x_{21}t,x_{22}t,x_{23}t,变量 x_{11},x_{12},x_{13},x_{21},x_{22},x_{23} 即为决策变量.

注意到农场 A,B 生产苹果分别为 23t,27t,从而总产量为 50t;宾馆甲、乙、丙需要苹果分别为 17t,18t,15t,从而总需求量为 50t. 于是总产量与总需求量相等,即产需平衡.

由于产需平衡,因而农场 A 运往宾馆甲、乙、丙的苹果数量之和应该等于它的产量,农场 B 运往宾馆甲、乙、丙的苹果数量之和也应该等于它的产量,即

$$x_{11} + x_{12} + x_{13} = 23$$
$$x_{21} + x_{22} + x_{23} = 27$$

由于产需平衡,因而农场 A,B 运往宾馆甲的苹果数量之和应该等于它的需求量,农场 A,B 运往宾馆乙的苹果数量之和应该等于它的需求量,农场 A,B 运往宾馆丙的苹果数量之和也应该等于它的需求量,即

$$x_{11} + x_{21} = 17$$
$$x_{12} + x_{22} = 18$$
$$x_{13} + x_{23} = 15$$

注意到由于产需平衡,因而这五个线性方程式不完全是有效的,如后三个线性方程式之和再减去第二个线性方程式,就得到第一个线性方程式,说明五个线性方程式中有一个线性方程式是多余的,不妨去掉第一个线性方程式. 又考虑到决策变量 x_{11},x_{12},x_{13},x_{21},x_{22},x_{23} 都是运量,因而它们取值只能是非负实数,表示为

$$x_{ij} \geqslant 0 \quad (i = 1,2; j = 1,2,3)$$

上面得到的线性方程式与线性不等式构成了约束条件.

由于农场 A 运往宾馆甲、乙、丙的苹果运价分别为50 元 /t、60 元 /t、70 元 /t,运量分别为 x_{11}t,x_{12}t,x_{13}t,因而运费之和为 $50x_{11} + 60x_{12} + 70x_{13}$ 元;由于农场B运往宾馆甲、乙、丙的苹果运价分别为 60 元 /t、110 元 /t、160 元 /t,运量分别为 x_{21}t,x_{22}t,x_{23}t,因而运费之和为 $60x_{21} + 110x_{22} + 160x_{23}$ 元. 于是总运费为

$$S = 50x_{11} + 60x_{12} + 70x_{13} + 60x_{21} + 110x_{22} + 160x_{23}\text{(元)}$$

这个线性函数即为目标函数,求它在约束条件下的最小值点即最优解.

经过上面的讨论,得到这个线性规划问题的数学模型为:

$$\min S = 50x_{11} + 60x_{12} + 70x_{13} + 60x_{21} + 110x_{22} + 160x_{23}$$

$$\begin{cases} x_{21} + x_{22} + x_{23} = 27 \\ x_{11} + x_{21} = 17 \\ x_{12} + x_{22} = 18 \\ x_{13} + x_{23} = 15 \\ x_{ij} \geqslant 0 \quad (i = 1,2; j = 1,2,3) \end{cases}$$

一般地,这类平衡运输线性规划问题数学模型的形式为:

$$\min S = c_{11}x_{11} + c_{12}x_{12} + \cdots + c_{1n}x_{1n} + c_{21}x_{21} + c_{22}x_{22} + \cdots + c_{2n}x_{2n} + \cdots + c_{m1}x_{m1} + c_{m2}x_{m2} + \cdots + c_{mn}x_{mn}$$

$$\begin{cases} x_{21} + x_{22} + \cdots + x_{2n} = a_2 \\ \quad\cdots \qquad \cdots \\ x_{m1} + x_{m2} + \cdots + x_{mn} = a_m \\ x_{11} + x_{21} + \cdots + x_{m1} = b_1 \\ x_{12} + x_{22} + \cdots + x_{m2} = b_2 \\ \quad\cdots \qquad \cdots \\ x_{1n} + x_{2n} + \cdots + x_{mn} = b_n \\ x_{ij} \geqslant 0 \quad (i = 1,2,\cdots,m; j = 1,2,\cdots,n) \end{cases}$$

上面讨论了四类典型的实际问题,得到其线性规划问题的数学模型,但是讨论的目的不仅是建立数学模型,而是在此基础上进一步研究有无最优解,若有最优解,如何求得最优解.

§4.3　两个变量线性规划问题的图解法

考虑两个变量 x_1,x_2 的线性规划问题

$$\max(\text{或 } \min) S = c_1x_1 + c_2x_2$$

$$\begin{cases} a_{11}x_1 + a_{12}x_2 \leqslant b_1 (\text{或} \geqslant b_1 \text{ 或 } = b_1) \\ a_{21}x_1 + a_{22}x_2 \leqslant b_2 (\text{或} \geqslant b_2 \text{ 或 } = b_2) \\ \qquad \cdots \qquad \cdots \\ a_{m1}x_1 + a_{m2}x_2 \leqslant b_m (\text{或} \geqslant b_m \text{ 或 } = b_m) \\ x_i \geqslant 0 \quad (i = 1,2) \end{cases}$$

用几何直观的方法求其最优解.

作平面直角坐标系 Ox_1x_2,在这个坐标系中,一个点(x_1,x_2)代表变量 x_1,x_2 的一组值.这时,构成约束条件的二元线性方程式表示一条直线,二元线性不等式表示一个半平面,由于对变量 x_1,x_2 有非负约束,因而若它们在第一象限内的交集为非空集,则这个交集就是可行解集,记作 E,可行解集 E 一定在第一象限内,但可以含坐标轴的正半轴或原点,在一般情况下,可行解集 E 是第一象限内的平面区域或直线段;若它们的交集全部位于第一象限之外,则无可行解,当然也就无最优解.

令目标函数 $S = 0$,它表示一条直线,这条直线称为目标直线.显然,目标直线上的所有点都使得目标函数 S 取值等于零.目标直线把整个平面分成两个半平面,其中一个半平面上的所有点都使得 $S < 0$,而另一个半平面上的所有点则都使得$S > 0$,从 $S < 0$ 到 $S > 0$ 的方向就是使得目标函数值增加的方向.显然,在 $S < 0$ 半平面上,距离目标直线 $S = 0$ 越远的点使得目标函数 S 取值越小,而距离目标直线 $S = 0$ 越近的点则使得目标函数 S 取值越大;在 $S > 0$ 半平面上,距离目标直线$S = 0$ 越近的点使得目标函数 S 取值越小,而距离目标直线 $S = 0$ 越远的点则使得目标函数 S 取值越大.

观察可行解集E与目标直线$S = 0$的位置关系,将目标函数S取值最大或最小转化为寻求可行解集 E 在某个方向上的点距离目标直线 $S = 0$ 最远或最近.若有符合要求的点,则该点坐标即为所求最优解;若无符合要求的点,则说明无最优解.

上述求两个变量线性规划问题最优解的方法称为图解法，其步骤如下：

步骤 1　根据约束条件画出可行解集 E；

步骤 2　根据目标函数 S 的表达式画出目标直线 $S=0$，并标明目标函数值增加的方向；

步骤 3　在可行解集 E 中，寻求符合要求的距离目标直线 $S=0$ 最远或最近的点，并求出该点坐标.

例 1　解线性规划问题

$$\max S = 3x_1 + x_2$$

$$\begin{cases} x_1 + 2x_2 \leqslant 8 \\ x_1 \leqslant 6 \\ x_i \geqslant 0 \quad (i=1,2) \end{cases}$$

解：应用图解法求解，首先在平面直角坐标系 Ox_1x_2 中画出直线

$$x_1 + 2x_2 = 8$$

这条直线将整个平面分成两个半平面，哪个半平面上的点使得 $x_1 + 2x_2 < 8$？可以在直线 $x_1 + 2x_2 = 8$ 外任取一点，不妨取原点，容易看出原点的坐标(0,0)满足不等式 $x_1 + 2x_2 < 8$，因而直线 $x_1 + 2x_2 = 8$ 上的点与原点所在一侧的半平面上的点满足约束条件

$$x_1 + 2x_2 \leqslant 8$$

再画出直线

$$x_1 = 6$$

容易看出原点的坐标(0,0)满足不等式 $x_1 < 6$，因而直线 $x_1 = 6$ 上的点与原点所在一侧的半平面上的点满足约束条件

$$x_1 \leqslant 6$$

上述两个平面点集在第一象限内的交集（含部分坐标轴）即为可行解集 E，它是四边形闭区域 $OACB$，如图 4－1.

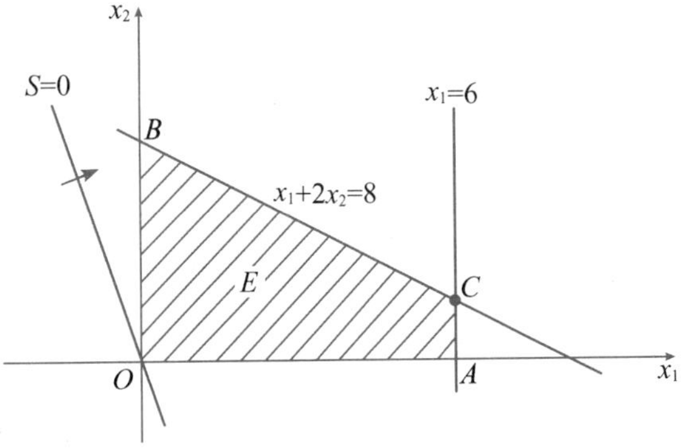

图 4－1

然后作目标直线 $S=0$，即

$$3x_1 + x_2 = 0$$

在目标直线 $S=0$ 外任取一点，不妨取点(1,0)，在该点处使得 $S=3>0$，这说明点(1,0)所在一侧的半平面使得 $S>0$，而另一侧的半平面当然使得 $S<0$，这样就确定了目标函数值增

加的方向,用箭头表示.由于可行解集E全部位于$S\geqslant 0$的一侧,于是可行解集E中距离目标直线$S=0$最远的点C使得目标函数值最大,即点C的坐标为此线性规划问题的唯一最优解.

点C是直线$x_1+2x_2=8$与$x_1=6$的交点,解二元线性方程组

$$\begin{cases}x_1+2x_2=8\\x_1\qquad\ \ =6\end{cases}$$

得到唯一最优解

$$\begin{cases}x_1=6\\x_2=1\end{cases}$$

将唯一最优解代入目标函数表达式中得到最优值

$$\max S=3\times 6+1=19$$

例2 解线性规划问题

$$\min S=x_1+x_2$$

$$\begin{cases}x_1+x_2\leqslant 3\\x_1-x_2\geqslant 1\\x_i\geqslant 0\quad(i=1,2)\end{cases}$$

解: 应用图解法求解,首先在平面直角坐标系Ox_1x_2中画出直线

$$x_1+x_2=3$$

容易看出原点的坐标(0,0)满足不等式$x_1+x_2<3$,因而直线$x_1+x_2=3$上的点与原点所在一侧的半平面上的点满足约束条件

$$x_1+x_2\leqslant 3$$

再画出直线

$$x_1-x_2=1$$

容易看出原点的坐标(0,0)不满足不等式$x_1-x_2>1$,说明不含原点的一侧满足不等式$x_1-x_2>1$,因而直线$x_1-x_2=1$上的点与不含原点一侧的半平面上的点满足约束条件

$$x_1-x_2\geqslant 1$$

上述两个平面点集在第一象限内的交集(含部分坐标轴)即为可行解集E,它是三边形闭区域BAC,如图4-2.

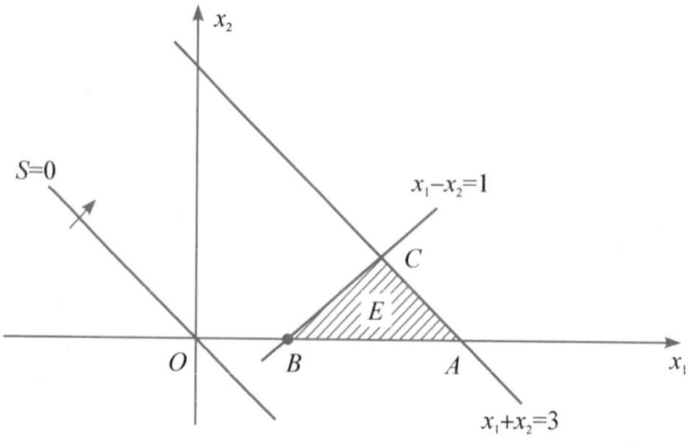

图4-2

然后作目标直线 $S=0$，即

$$x_1+x_2=0$$

在目标直线外任取一点，不妨取点(1,0)，在该点处使得 $S=1>0$，这说明点(1,0)所在一侧的半平面使得 $S>0$，而另一侧的半平面当然使得 $S<0$，这样就确定了目标函数值增加的方向，用箭头表示. 由于可行解集 E 全部位于 $S>0$ 的一侧，于是可行解集 E 中距离目标直线 $S=0$ 最近的点 B 使得目标函数值最小，即点 B 的坐标为此线性规划问题的唯一最优解.

点 B 是直线 $x_1-x_2=1$ 与 x_1 轴即直线 $x_2=0$ 的交点，解二元线性方程组

$$\begin{cases} x_1-x_2=1 \\ \quad\quad x_2=0 \end{cases}$$

得到唯一最优解

$$\begin{cases} x_1=1 \\ x_2=0 \end{cases}$$

将唯一最优解代入目标函数表达式中得到最优值

$$\min S=1+0=1$$

例 3　解线性规划问题

$$\min S=x_1-2x_2$$

$$\begin{cases} x_1+x_2\leqslant 1 \\ x_i\geqslant 0 \quad (i=1,2) \end{cases}$$

解: 应用图解法求解，首先在平面直角坐标系 Ox_1x_2 中画出直线

$$x_1+x_2=1$$

容易看出原点的坐标(0,0)满足不等式 $x_1+x_2<1$，因而直线 $x_1+x_2=1$ 上的点与原点所在一侧的半平面上的点满足约束条件

$$x_1+x_2\leqslant 1$$

上述平面点集在第一象限内的子集(含部分坐标轴)即为可行解集 E，它是三边形闭区域 OAB，如图 4－3.

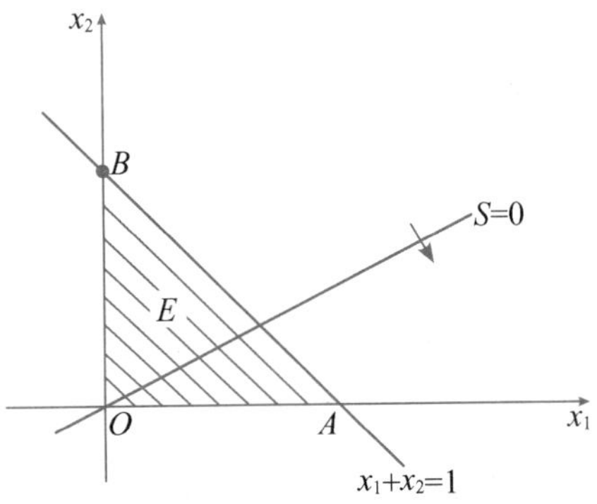

图 4－3

然后作目标直线 $S=0$,即

$$x_1-2x_2=0$$

在目标直线 $S=0$ 外任取一点,不妨取点(1,0),在该点处使得 $S=1>0$,这说明点(1,0) 所在一侧的半平面使得 $S>0$,而另一侧的半平面当然使得 $S<0$,这样就确定了目标函数值增加的方向,用箭头表示. 由于目标直线 $S=0$ 穿过可行解集 E,于是可行解集 E 位于 $S<0$ 一侧的子集中,距离目标直线 $S=0$ 最远的点 B 使得目标函数值最小,即点 B 的坐标为此线性规划问题的唯一最优解.

点 B 是直线 $x_1+x_2=1$ 与 x_2 轴即直线 $x_1=0$ 的交点,解二元线性方程组

$$\begin{cases}x_1+x_2=1\\x_1\qquad\;=0\end{cases}$$

得到唯一最优解

$$\begin{cases}x_1=0\\x_2=1\end{cases}$$

将唯一最优解代入目标函数表达式中得到最优值

$$\min S=0-2\times1=-2$$

例 4 解线性规划问题

$$\max S=-x_1+x_2$$

$$\begin{cases}x_1-2x_2\geqslant4\\x_i\geqslant0\quad(i=1,2)\end{cases}$$

解:应用图解法求解,首先在平面直角坐标系 Ox_1x_2 中画出直线

$$x_1-2x_2=4$$

容易看出原点的坐标(0,0) 不满足不等式 $x_1-2x_2>4$,说明不含原点的一侧满足不等式 $x_1-2x_2>4$,因而直线 $x_1-2x_2=4$ 上的点与不含原点一侧的半平面上的点满足约束条件

$$x_1-2x_2\geqslant4$$

上述平面点集在第一象限内的子集(含部分坐标轴) 即为可行解集 E,它是无界区域,如图 4-4.

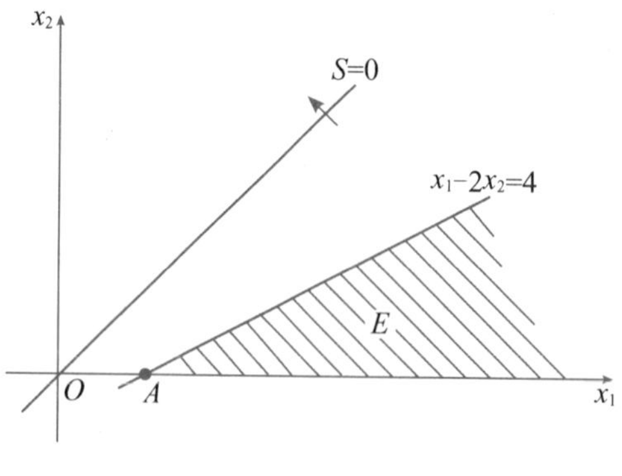

图 4-4

然后作目标直线 $S=0$,即

$$-x_1+x_2=0$$

在目标直线 $S=0$ 外任取一点，不妨取点(1,0)，在该点处使得 $S=-1<0$，这说明点(1,0)所在一侧的半平面使得 $S<0$，而另一侧的半平面当然使得 $S>0$，这样就确定了目标函数值增加的方向，用箭头表示. 由于可行解集 E 全部位于 $S<0$ 的一侧，于是可行解集 E 中距离目标直线 $S=0$ 最近的点 A 使得目标函数值最大，即点 A 的坐标为此线性规划问题的唯一最优解.

点 A 是直线 $x_1-2x_2=4$ 与 x_1 轴即直线 $x_2=0$ 的交点，解二元线性方程组

$$\begin{cases} x_1-2x_2=4 \\ x_2=0 \end{cases}$$

得到唯一最优解

$$\begin{cases} x_1=4 \\ x_2=0 \end{cases}$$

将唯一最优解代入目标函数表达式中得到最优值

$$\max S=-4+0=-4$$

例 5　解线性规划问题

$$\min S=-2x_1+4x_2$$

$$\begin{cases} x_1-x_2\leqslant 0 \\ x_1+x_2=2 \\ x_i\geqslant 0 \quad (i=1,2) \end{cases}$$

解: 应用图解法求解，首先在平面直角坐标系 Ox_1x_2 中画出直线

$$x_1-x_2=0$$

容易看出点(1,0)的坐标不满足不等式 $x_1-x_2<0$，说明不含点(1,0)的一侧满足不等式 $x_1-x_2<0$，因而直线 $x_1-x_2=0$ 上的点与不含点(1,0)一侧的半平面上的点满足约束条件

$$x_1-x_2\leqslant 0$$

再画出直线

$$x_1+x_2=2$$

上述两个平面点集在第一象限内的交集(含 x_2 轴上点 B)即为可行解集 E，它是直线段 AB，如图 4－5.

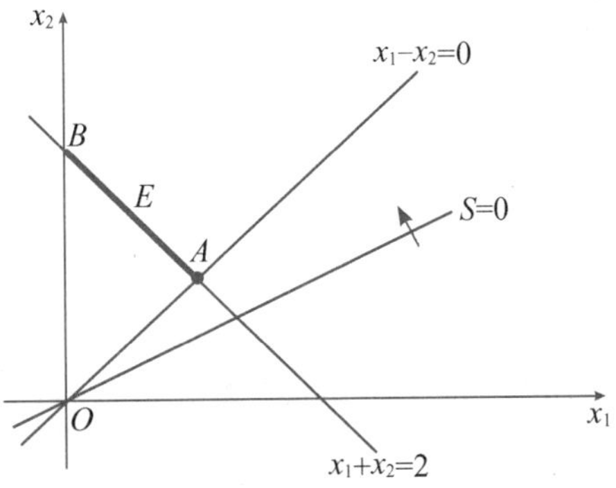

图 4－5

然后作目标直线 $S=0$,即

$$-2x_1+4x_2=0$$

在目标直线 $S=0$ 外任取一点,不妨取点(1,0),在该点处使得 $S=-2<0$,这说明点(1,0)所在一侧的半平面使得 $S<0$,而另一侧的半平面当然使得 $S>0$,这样就确定了目标函数值增加的方向,用箭头表示. 由于可行解集 E 全部位于 $S>0$ 的一侧,于是可行解集 E 中距离目标直线 $S=0$ 最近的点 A 使得目标函数值最小,即点 A 的坐标为此线性规划问题的唯一最优解.

点 A 是直线 $x_1-x_2=0$ 与 $x_1+x_2=2$ 的交点,解二元线性方程组

$$\begin{cases}x_1-x_2=0\\x_1+x_2=2\end{cases}$$

得到唯一最优解

$$\begin{cases}x_1=1\\x_2=1\end{cases}$$

将唯一最优解代入目标函数表达式中得到最优值

$$\min S=-2\times1+4\times1=2$$

例 6 解线性规划问题

$$\max S=x_1+2x_2$$

$$\begin{cases}x_1+2x_2\leqslant 6\\x_1\leqslant 4\\x_2\leqslant 2\\x_i\geqslant 0\quad (i=1,2)\end{cases}$$

解:应用图解法求解,首先在平面直角坐标系 Ox_1x_2 中画出直线

$$x_1+2x_2=6$$

容易看出原点的坐标(0,0)满足不等式 $x_1+2x_2<6$,因而直线 $x_1+2x_2=6$ 上的点与原点所在一侧的半平面上的点满足约束条件

$$x_1+2x_2\leqslant 6$$

画出直线

$$x_1=4$$

容易看出原点的坐标(0,0)满足不等式 $x_1<4$,因而直线 $x_1=4$ 上的点与原点所在一侧的半平面上的点满足约束条件

$$x_1\leqslant 4$$

再画出直线

$$x_2=2$$

容易看出原点的坐标(0,0)满足不等式 $x_2<2$,因而直线 $x_2=2$ 上的点与原点所在一侧的半平面上的点满足约束条件

$$x_2\leqslant 2$$

上述三个平面点集在第一象限内的交集(含部分坐标轴)即为可行解集 E,它是五边形闭区域 $OACDB$,如图 4-6.

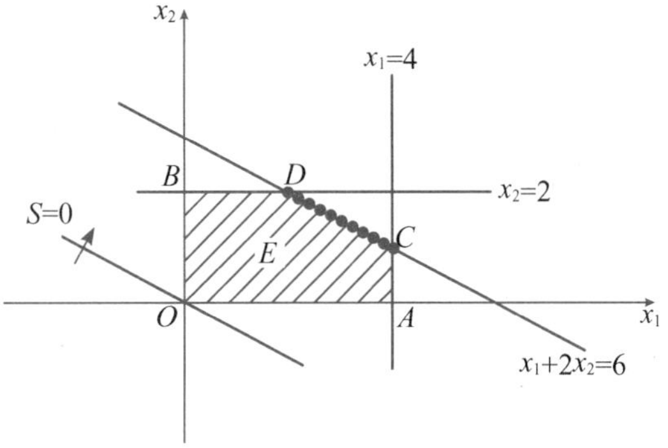

图 4-6

然后作目标直线 $S=0$,即

$$x_1+2x_2=0$$

在目标直线 $S=0$ 外任取一点,不妨取点(1,0),在该点处得 $S=1>0$,这说明点(1,0)所在一侧的半平面使得 $S>0$,而另一侧的半平面当然使得 $S<0$,这样就确定了目标函数值增加的方向,用箭头表示. 由于可行解集 E 全部位于 $S\geqslant 0$ 的一侧,于是可行解集 E 中距离目标直线最远的点使得目标函数值最大. 注意到可行解集 E 的边界直线段 CD 与目标直线 $S=0$ 平行,且距目标直线 $S=0$ 最远,因此边界直线段 CD 上的所有点都使得目标函数值最大,即边界直线段 CD 上所有点的坐标为此线性规划问题的最优解,这意味着最优解不唯一,有无穷多组,但最优值却是唯一的.

容易知道点 C 的纵坐标 $x_2=1$,点 D 的纵坐标 $x_2=2$,因此边界直线段 CD 的表达式为

$$x_1+2x_2=6\quad(1\leqslant x_2\leqslant 2)$$

即有

$$x_1=-2x_2+6\quad(1\leqslant x_2\leqslant 2)$$

纵坐标 x_2 在 $1\leqslant c\leqslant 2$ 范围内取任意常数 c,得到无穷多最优解的一般表达式

$$\begin{cases}x_1=-2c+6\\x_2=c\end{cases}\quad(1\leqslant c\leqslant 2)$$

将无穷多最优解代入目标函数表达式中得到同一最优值

$$\max S=(-2c+6)+2c=6$$

例 7　解线性规划问题

$$\min S=x_1-x_2$$

$$\begin{cases}x_1-x_2\geqslant 1\\x_1+2x_2\geqslant 4\\x_i\geqslant 0\quad(i=1,2)\end{cases}$$

解:应用图解法求解,首先在平面直角坐标系 Ox_1x_2 中画出直线

$$x_1-x_2=1$$

容易看出原点的坐标(0,0)不满足不等式 $x_1-x_2>1$,说明不含原点的一侧满足不等式

$x_1-x_2>1$,因而直线 $x_1-x_2=1$ 上的点与不含原点一侧的半平面上的点满足约束条件

$$x_1-x_2\geqslant 1$$

再画出直线

$$x_1+2x_2=4$$

容易看出原点的坐标(0,0) 不满足不等式 $x_1+2x_2>4$,说明不含原点的一侧满足不等式 $x_1+2x_2>4$,因而直线 $x_1+2x_2=4$ 上的点与不含原点一侧的半平面上的点满足约束条件

$$x_1+2x_2\geqslant 4$$

上述两个平面点集在第一象限内的交集(含部分坐标轴) 即为可行解集 E,它是无界区域,如图 4-7.

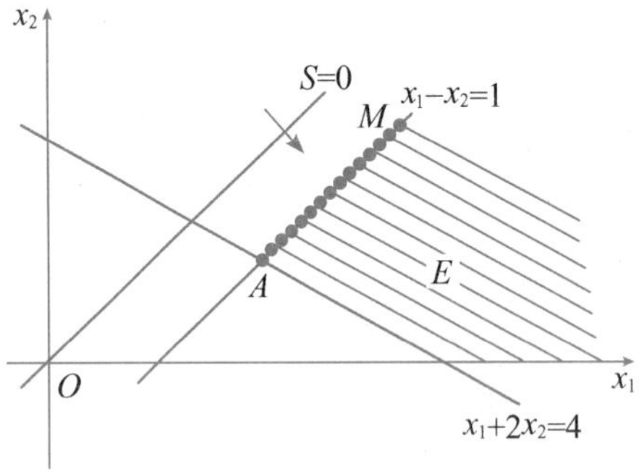

图 4-7

然后作目标直线 $S=0$,即

$$x_1-x_2=0$$

在目标直线 $S=0$ 外任取一点,不妨取点(1,0),在该点处使得 $S=1>0$,这说明点(1,0) 所在一侧的半平面使得 $S>0$,而另一侧的半平面当然使得 $S<0$,这样就确定了目标函数值增加的方向,用箭头表示. 由于可行解集 E 全部位于 $S>0$ 的一侧,于是可行解集 E 中距离目标直线 $S=0$ 最近的点使得目标函数值最小. 注意到可行解集 E 的边界直线 AM 与目标直线 $S=0$ 平行,且距目标直线 $S=0$ 最近,因此边界直线 AM 上的所有点都使得目标函数值最小,即边界直线 AM 上所有点的坐标为此线性规划问题的最优解,这意味着最优解不唯一,有无穷多组,但最优值却是唯一的.

点 A 是直线 $x_1-x_2=1$ 与 $x_1+2x_2=4$ 的交点,解二元线性方程组

$$\begin{cases}x_1-\ \ x_2=1\\x_1+2x_2=4\end{cases}$$

得到点 A 的坐标(2,1),边界直线 AM 的方程为 $x_1-x_2=1$ 即 $x_1=x_2+1$,其上所有点的纵坐标皆大于等于点 A 的纵坐标即 $x_2\geqslant 1$,因此边界直线 AM 的表达式为

$$x_1=x_2+1\quad(x_2\geqslant 1)$$

得到无穷多最优解的一般表达式

$$\begin{cases}x_1=c+1\\x_2=c\end{cases}\quad(c\geqslant 1)$$

将无穷多最优解代入目标函数表达式中得到同一最优值

$$\min S=(c+1)-c=1$$

线性规划问题具有无穷多最优解的前提是可行解集 $\boldsymbol{E}$ 存在某条边界直线与目标直线 $S=0$ 平行，如例 6 中可行解集 $\boldsymbol{E}$ 存在边界直线 $x_1+2x_2=6$ 与目标直线 $x_1+2x_2=0$ 平行；如例 7 中可行解集 E 存在边界直线 $x_1-x_2=1$ 与目标直线 $x_1-x_2=0$ 平行，从而可能存在无穷多最优解. 当然，需要通过具体计算才能确定解的情况.

例 8　解线性规划问题

$$\max S=x_1-x_2$$

$$\begin{cases}2x_1+3x_2\geqslant 6\\ x_i\geqslant 0\quad(i=1,2)\end{cases}$$

解:应用图解法求解，首先在平面直角坐标系 Ox_1x_2 中画出直线

$$2x_1+3x_2=6$$

容易看出原点的坐标(0,0) 不满足不等式 $2x_1+3x_2>6$，说明不含原点的一侧满足不等式 $2x_1+3x_2>6$，因而直线 $2x_1+3x_2=6$ 上的点与不含原点一侧的半平面上的点满足约束条件

$$2x_1+3x_2\geqslant 6$$

上述平面点集在第一象限内的子集(含部分坐标轴) 即为可行解集 E，它是无界区域，如图 4-8.

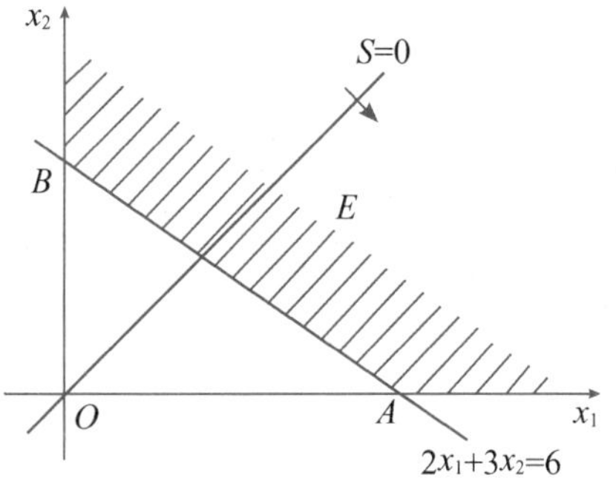

图 4-8

然后作目标直线 $S=0$，即

$$x_1-x_2=0$$

在目标直线 $S=0$ 外任取一点，不妨取点(1,0)，在该点处使得 $S=1>0$，这说明点(1,0) 所在一侧的半平面使得 $S>0$，而另一侧的半平面当然使得 $S<0$，这样就确定了目标函数值增加的方向，用箭头表示. 由于目标直线 $S=0$ 穿过可行解集 E，于是可行解集 E 位于 $S>0$ 一侧的子集中，距离目标直线 $S=0$ 最远的点使得目标函数值最大，但由于可行解集 E 在这个方向无界，因而这样的点是不存在的，所以此线性规划问题有可行解但无最优解.

例 9 解线性规划问题

$$\min S = 3x_1 + x_2$$

$$\begin{cases} -x_1 + x_2 \geqslant 1 \\ 2x_1 + 2x_2 \leqslant 1 \\ x_i \geqslant 0 \quad (i = 1,2) \end{cases}$$

解:应用图解法求解,首先在平面直角坐标系 Ox_1x_2 中画出直线

$$-x_1 + x_2 = 1$$

容易看出原点的坐标(0,0)不满足不等式 $-x_1 + x_2 > 1$,说明不含原点的一侧满足不等式 $-x_1 + x_2 > 1$,因而直线 $-x_1 + x_2 = 1$ 上的点与不含原点一侧的半平面上的点满足约束条件

$$-x_1 + x_2 \geqslant 1$$

再画出直线

$$2x_1 + 2x_2 = 1$$

容易看出原点的坐标(0,0)满足不等式 $2x_1 + 2x_2 < 1$,因而直线 $2x_1 + 2x_2 = 1$ 上的点与原点所在一侧的半平面上的点满足约束条件

$$2x_1 + 2x_2 \leqslant 1$$

上述两个平面点集的交集全部位于第一象限之外,如图 4-9 画有圆点的无界区域,说明可行解集为空集,所以此线性规划问题无可行解,当然也就无最优解.

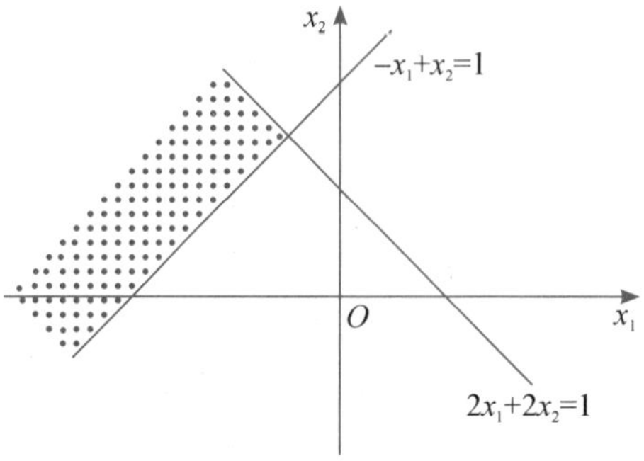

图 4-9

从上面的讨论可以知道,线性规划问题的解有下面四种情况:

1. 有可行解且有唯一最优解,如例 1、例 2、例 3、例 4、例 5;

2. 有可行解且有无穷多最优解,如例 6、例 7;

3. 有可行解但无最优解,如例 8;

4. 无可行解,当然也就无最优解,如例 9.

从例 1 至例 8 中可以看出:可行解集没有凹入部分,没有空洞,即其中任意两点连线仍在其中,这样的点集称为凸集;还可以看出:可行解集的顶点为有限个,最优解中至少有一个是可行解集的顶点. 凸集的顶点称为极点,它不能成为此凸集中任何线段的内点.

上述结论可以推广到变量多于两个的一般情况,线性规划问题的解具有下列重要性质:

性质 1 线性规划问题的可行解集是凸集,其极点为有限个;

性质 2 线性规划问题的最优解中至少有一个是可行解集的极点.

同时给出下面的概念.

定义 4.3 线性规划问题可行解集的极点称为基本可行解.

显然,线性规划问题的基本可行解为有限个,最优解中至少有一个是基本可行解.因此只需经过有限个步骤,就可以从有限个基本可行解中找到最优解.

§4.4 图解法在实际工作中的应用

图解法对于解两个变量线性规划问题是很方便的,它在实际工作中有着广泛的应用,其步骤如下:

步骤 1 根据实际背景建立数学模型;

步骤 2 应用图解法求得最优解.

例 1 某元件厂生产甲、乙两种产品,生产 1 件甲种产品需要在设备 A 上加工 2 小时,在设备 B 上加工 1 小时,销售后获得利润 40 元;生产 1 件乙种产品需要在设备 A 上加工 1 小时,在设备 B 上加工 2 小时,销售后获得利润 50 元.工厂每天可供利用的设备 A 加工工时为 120 小时,可供利用的设备 B 加工工时为 90 小时.问工厂在每天内应如何安排生产,才能使得两种产品销售后获得的总利润最大?

解:设工厂在每天内生产 x_1 件甲种产品与 x_2 件乙种产品,变量 x_1,x_2 即为决策变量.

由于生产 1 件甲种产品需要在设备 A 上加工 2 小时,因而生产 x_1 件甲种产品需要在设备 A 上加工 $2x_1$ 小时;由于生产 1 件乙种产品需要在设备 A 上加工 1 小时,因而生产 x_2 件乙种产品需要在设备 A 上加工 x_2 小时.这样,每天需要在设备 A 上加工工时的总量为 $2x_1+x_2$ 小时,它不能突破每天设备 A 可供利用的 120 小时加工工时,即

$$2x_1+x_2\leqslant 120$$

由于生产 1 件甲种产品需要在设备 B 上加工 1 小时,因而生产 x_1 件甲种产品需要在设备 B 上加工 x_1 小时;由于生产 1 件乙种产品需要在设备 B 上加工 2 小时,因而生产 x_2 件乙种产品需要在设备 B 上加工 $2x_2$ 小时.这样,每天需要在设备 B 上加工工时的总量为 x_1+2x_2 小时,它不能突破每天设备 B 可供利用的 90 小时加工工时,即

$$x_1+2x_2\leqslant 90$$

又考虑到决策变量 x_1,x_2 都是件数,因而它们取值只能是正整数或零,表示为

$$x_i\geqslant 0,\text{整数}\quad (i=1,2)$$

上面得到的线性不等式构成了约束条件.

由于 1 件甲种产品销售后获得利润 40 元,因而 x_1 件甲种产品销售后获得利润 $40x_1$ 元;由于 1 件乙种产品销售后获得利润 50 元,因而 x_2 件乙种产品销售后获得利润 $50x_2$ 元.于是两种产品销售后获得的总利润为

$$S=40x_1+50x_2(\text{元})$$

这个线性函数即为目标函数,求它在约束条件下的最大值点即最优解.

经过上面的讨论,得到这个线性规划问题的数学模型为:

$$\max S=40x_1+50x_2$$

$$\begin{cases}2x_1+x_2\leqslant 120\\ x_1+2x_2\leqslant 90\\ x_i\geqslant 0,\text{整数}\quad (i=1,2)\end{cases}$$

应用图解法求解,首先在平面直角坐标系 Ox_1x_2 中画出直线

$$2x_1+x_2=120$$

容易看出原点的坐标(0,0)满足不等式 $2x_1+x_2<120$,因而直线 $2x_1+x_2=120$ 上的点与原点所在一侧的半平面上的点满足约束条件

$$2x_1+x_2\leqslant 120$$

再画出直线

$$x_1+2x_2=90$$

容易看出原点的坐标(0,0)满足不等式 $x_1+2x_2<90$,因而直线 $x_1+2x_2=90$ 上的点与原点所在一侧的半平面上的点满足约束条件

$$x_1+2x_2\leqslant 90$$

上述两个平面点集在第一象限内的交集(含部分坐标轴)即为可行解集 E,它是四边形闭区域 $OACB$,如图 4-10.

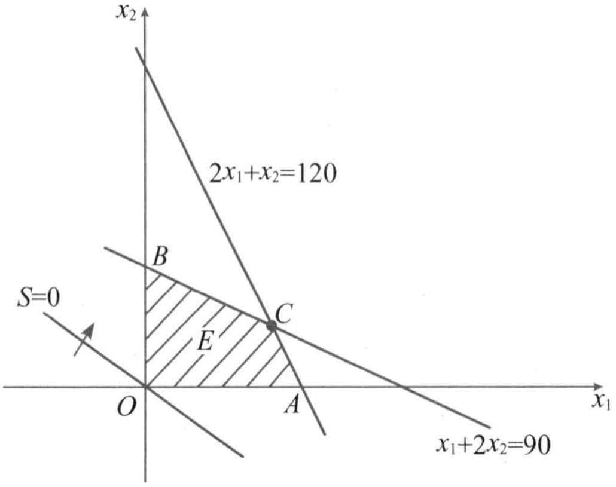

图 4-10

然后作目标直线 $S=0$,即

$$40x_1+50x_2=0$$

在目标直线 $S=0$ 外任取一点,不妨取点(1,0),在该点处使得 $S=40>0$,这说明点(1,0)所在一侧的半平面使得 $S>0$,而另一侧的半平面当然使得 $S<0$,这样就确定了目标函数值增加的方向,用箭头表示. 由于可行解集 E 全部位于 $S\geqslant 0$ 的一侧,于是可行解集 E 中距离目标直线 $S=0$ 最远的点 C 使得目标函数值最大,即点 C 的坐标为此线性规划问题的唯一最优解.

点 C 是直线 $2x_1+x_2=120$ 与 $x_1+2x_2=90$ 的交点,解二元线性方程组

$$\begin{cases}2x_1+\ \ x_2=120\\ \ \ x_1+2x_2=90\end{cases}$$

得到唯一最优解

$$\begin{cases}x_1=50\\ x_2=20\end{cases}$$

将唯一最优解代入目标函数表达式中得到最优值

$$\max S = 40 \times 50 + 50 \times 20 = 3\ 000$$

所以工厂在每天内应生产50件甲种产品与20件乙种产品，才能使得两种产品销售后获得的总利润最大，最大总利润值是3 000元.

例2　某机械厂生产甲、乙两种产品，生产1台甲种产品消耗3千度电，使用3t原材料，销售后获得利润2万元；生产1台乙种产品消耗1千度电，使用2t原材料，销售后获得利润1万元. 工厂每月电的供应量不超过150千度，原材料的供应量不超过270t. 问工厂在每月内应如何安排生产，才能使得两种产品销售后获得的总利润最大？

解：设工厂在每月内生产 x_1 台甲种产品与 x_2 台乙种产品，变量 x_1，x_2 即为决策变量.

由于生产1台甲种产品消耗3千度电，因而生产 x_1 台甲种产品消耗 $3x_1$ 千度电；由于生产1台乙种产品消耗1千度电，因而生产 x_2 台乙种产品消耗 x_2 千度电. 这样，每月消耗电的总量为 $3x_1 + x_2$ 千度，它不能超过每月电的最大供应量150千度，即

$$3x_1 + x_2 \leqslant 150$$

由于生产1台甲种产品使用3t原材料，因而生产 x_1 台甲种产品使用 $3x_1$t原材料；由于生产1台乙种产品使用2t原材料，因而生产 x_2 台乙种产品使用 $2x_2$t原材料. 这样，每月使用原材料的总量为 $(3x_1 + 2x_2)$t，它不能超过每月原材料的最大供应量270t，即

$$3x_1 + 2x_2 \leqslant 270$$

又考虑到决策变量 x_1，x_2 都是台数，因而它们取值只能是正整数或零，表示为

$$x_i \geqslant 0, \text{整数} \quad (i = 1, 2)$$

上面得到的线性不等式构成了约束条件.

由于1台甲种产品销售后获得利润2万元，因而 x_1 台甲种产品销售后获得利润 $2x_1$ 万元；由于1台乙种产品销售后获得利润1万元，因而 x_2 台乙种产品销售后获得利润 x_2 万元. 于是两种产品销售后获得的总利润为

$$S = 2x_1 + x_2 (\text{万元})$$

这个线性函数即为目标函数，求它在约束条件下的最大值点即最优解.

经过上面的讨论，得到这个线性规划问题的数学模型为：

$$\max S = 2x_1 + x_2$$

$$\begin{cases} 3x_1 + x_2 \leqslant 150 \\ 3x_1 + 2x_2 \leqslant 270 \\ x_i \geqslant 0, \text{整数} \quad (i = 1, 2) \end{cases}$$

应用图解法求解，首先在平面直角坐标系 Ox_1x_2 中画出直线

$$3x_1 + x_2 = 150$$

容易看出原点的坐标$(0,0)$ 满足不等式 $3x_1 + x_2 < 150$，因而直线 $3x_1 + x_2 = 150$ 上的点与原点所在一侧的半平面上的点满足约束条件

$$3x_1 + x_2 \leqslant 150$$

再画出直线

$$3x_1 + 2x_2 = 270$$

容易看出原点的坐标$(0,0)$ 满足不等式 $3x_1 + 2x_2 < 270$，因而直线 $3x_1 + 2x_2 = 270$ 上的点与原点所在一侧的半平面上的点满足约束条件

$$3x_1+2x_2\leqslant 270$$

上述两个平面点集在第一象限内的交集(含部分坐标轴)即为可行解集 E,它是四边形闭区域 $OACB$,如图 4 - 11.

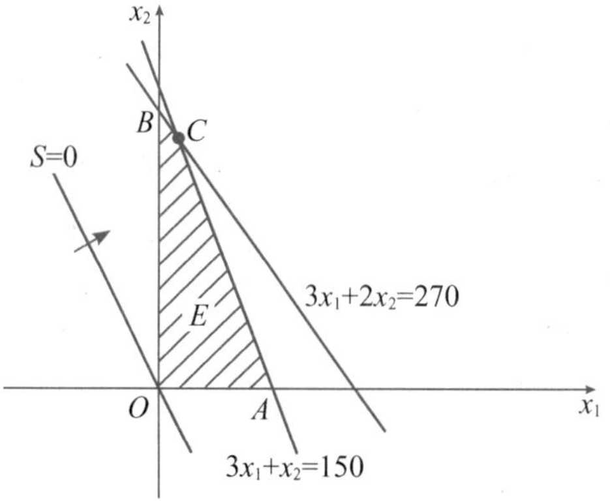

图 4 - 11

作目标直线 $S=0$,即

$$2x_1+x_2=0$$

在目标直线 $S=0$ 外任取一点,不妨取点(1,0),在该点处使得 $S=2>0$,这说明点(1,0)所在一侧的半平面使得 $S>0$,而另一侧的半平面当然使得 $S<0$,这样就确定了目标函数值增加的方向,用箭头表示.由于可行解集 E 全部位于 $S\geqslant 0$ 的一侧,于是可行解集 E 中距离目标直线 $S=0$ 最远的点 C 使得目标函数值最大,即点 C 的坐标为此线性规划问题的唯一最优解.

点 C 是直线 $3x_1+x_2=150$ 与 $3x_1+2x_2=270$ 的交点,解二元线性方程组

$$\begin{cases}3x_1+\ \ x_2=150\\3x_1+2x_2=270\end{cases}$$

得到唯一最优解

$$\begin{cases}x_1=10\\x_2=120\end{cases}$$

将唯一最优解代入目标函数表达式中得到最优值

$$\max S=2\times 10+120=140$$

所以工厂在每月内应生产 10 台甲种产品与 120 台乙种产品,才能使得两种产品销售后获得的总利润最大,最大总利润值是 140 万元.

例 3 某工厂用甲、乙两种原料混合制作重量为 55g 的产品,甲种原料的平均单位成本为 2.5 元/g,乙种原料的平均单位成本为 1 元/g.现在规定在产品中,甲种原料不少于 20g,乙种原料不多于 40g.问工厂应如何在产品中搭配甲、乙两种原料,才能使得产品的搭配成本最低?

解:设工厂在产品中搭配 x_1g 甲种原料与 x_2g 乙种原料,变量 x_1,x_2 即为决策变量.

由于产品重量为 55g,用甲、乙两种原料混合制作而成,因而搭配甲、乙两种原料的重量之和应等于 55g,即

$$x_1+x_2=55$$

由于在产品中,甲种原料不少于 20g,因而搭配甲种原料的重量 x_1g 应满足

$$x_1\geqslant 20$$

由于在产品中，乙种原料不多于40g，因而搭配乙种原料的重量 x_2g 应满足

$$x_2 \leqslant 40$$

又考虑到决策变量 x_1，x_2 都是重量，因而它们取值只能是非负实数，表示为

$$x_i \geqslant 0 \quad (i = 1,2)$$

上面得到的线性方程式与线性不等式构成了约束条件.

由于甲种原料的平均单位成本为2.5元/g，因而 x_1g 甲种原料的成本为 $2.5x_1$ 元；由于乙种原料的平均单位成本为1元/g，因而 x_2g 乙种原料的成本为 x_2 元. 于是产品的搭配成本为

$$S = 2.5x_1 + x_2 (\text{元})$$

这个线性函数即为目标函数，求它在约束条件下的最小值点即最优解.

经过上面的讨论，得到这个线性规划问题的数学模型为：

$$\min S = 2.5x_1 + x_2$$

$$\begin{cases} x_1 + x_2 = 55 \\ x_1 \geqslant 20 \\ x_2 \leqslant 40 \\ x_i \geqslant 0 \quad (i = 1,2) \end{cases}$$

应用图解法求解，在平面直角坐标系 Ox_1x_2 中画出直线

$$x_1 + x_2 = 55$$

画出直线

$$x_1 = 20$$

容易看出原点的坐标(0,0)不满足不等式 $x_1 > 20$，说明不含原点的一侧满足不等式 $x_1 > 20$，因而直线 $x_1 = 20$ 上的点与不含原点一侧的半平面上的点满足约束条件

$$x_1 \geqslant 20$$

再画出直线

$$x_2 = 40$$

容易看出原点的坐标(0,0)满足不等式 $x_2 < 40$，因而直线 $x_2 = 40$ 上的点与原点所在一侧的半平面上的点满足约束条件

$$x_2 \leqslant 40$$

上述三个平面点集在第一象限内的交集(含 x_1 轴上点 A)即为可行解集 E，它是直线段 AB，如图4-12.

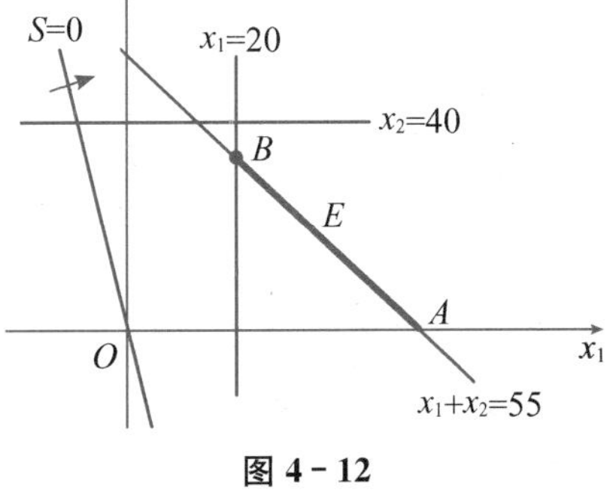

图 4-12

然后作目标直线 $S=0$,即

$$2.5x_1+x_2=0$$

在目标直线 $S=0$ 外任取一点,不妨取点(1,0),在该点处使得 $S=2.5>0$,这说明点(1,0)所在一侧的半平面使得 $S>0$,而另一侧的半平面当然使得 $S<0$,这样就确定了目标函数值增加的方向,用箭头表示.由于可行解集 E 全部位于 $S>0$ 的一侧,于是可行解集 E 中距离目标直线 $S=0$ 最近的点 B 使得目标函数值最小,即点 B 的坐标为此线性规划问题的唯一最优解.

点 B 是直线 $x_1+x_2=55$ 与 $x_1=20$ 的交点,解二元线性方程组

$$\begin{cases}x_1+x_2=55\\x_1\qquad\ =20\end{cases}$$

得到唯一最优解

$$\begin{cases}x_1=20\\x_2=35\end{cases}$$

将唯一最优解代入目标函数表达式中得到最优值

$$\min S=2.5\times20+35=85$$

所以工厂应在产品中搭配 20g 甲种原料与 35g 乙种原料,才能使得产品的搭配成本最低,最低搭配成本值是 85 元.

例 4 某农场配制自用饲料,每批自用饲料由 1t 普通饲料搭配甲、乙两种谷类混合而成.1kg 甲种谷类含 2g 微量元素 A、1g 微量元素 B 及 1g 微量元素 C,购买价格为 0.6 元;1kg 乙种谷类含 1g 微量元素 A、2g 微量元素 B 及 1g 微量元素 C,购买价格为 0.5 元.现在规定每批自用饲料含微量元素 A 的最低量为 240g,含微量元素 B 的最低量为 300g,含微量元素 C 的最低量为 200g.问农场应如何在 1t 普通饲料中搭配甲、乙两种谷类,才能使得每批自用饲料的搭配成本最低?

解:设农场在 1 t 普通饲料中搭配 $x_1$kg 甲种谷类与 $x_2$kg 乙种谷类,变量 x_1,x_2 即为决策变量.

由于 1kg 甲种谷类含 2g 微量元素 A,因而 $x_1$kg 甲种谷类含 $2x_1$g 微量元素 A;由于 1kg 乙种谷类含 1g 微量元素 A,因而 $x_2$kg 乙种谷类含 x_2g 微量元素 A.这样,每批自用饲料含微量元素 A 的总量为$(2x_1+x_2)$g,它不能低于规定的含微量元素 A 最低量 240g,即

$$2x_1+x_2\geqslant240$$

由于 1kg 甲种谷类含 1g 微量元素 B,因而 $x_1$kg 甲种谷类含 x_1g 微量元素 B;由于 1kg 乙种谷类含 2g 微量元素 B,因而 $x_2$kg 乙种谷类含 $2x_2$g 微量元素 B.这样,每批自用饲料含微量元素 B 的总量为(x_1+2x_2)g,它不能低于规定的含微量元素 B 最低量 300g,即

$$x_1+2x_2\geqslant300$$

由于 1kg 甲种谷类含 1g 微量元素 C,因而 $x_1$kg 甲种谷类含 x_1g 微量元素 C;由于1 kg 乙种谷类含 1 g 微量元素 C,因而 $x_2$kg 乙种谷类含 x_2g 微量元素 C.这样,每批自用饲料含微量元素 C 的总量为(x_1+x_2)g,它不能低于规定的含微量元素 C 最低量 200g,即

$$x_1+x_2\geqslant200$$

又考虑到决策变量 x_1,x_2 都是重量,因而它们取值只能是非负实数,表示为

$$x_i\geqslant0\quad(i=1,2)$$

上面得到的线性不等式构成了约束条件.

由于 1kg 甲种谷类的购买价格为 0.6 元，因而 $x_1$kg 甲种谷类的购买价格为 $0.6x_1$ 元；由于 1kg 乙种谷类的购买价格为 0.5 元，因而 $x_2$kg 乙种谷类的购买价格为 $0.5x_2$ 元. 于是每批自用饲料的搭配成本为

$$S = 0.6x_1 + 0.5x_2 \text{（元）}$$

这个线性函数即为目标函数，求它在约束条件下的最小值点即最优解.

经过上面的讨论，得到这个线性规划问题的数学模型为：

$$\min S = 0.6x_1 + 0.5x_2$$

$$\begin{cases} 2x_1 + x_2 \geqslant 240 \\ x_1 + 2x_2 \geqslant 300 \\ x_1 + x_2 \geqslant 200 \\ x_i \geqslant 0 \quad (i = 1,2) \end{cases}$$

应用图解法求解，在平面直角坐标系 Ox_1x_2 中画出直线

$$2x_1 + x_2 = 240$$

容易看出原点的坐标(0,0) 不满足不等式 $2x_1 + x_2 > 240$，说明不含原点的一侧满足不等式 $2x_1 + x_2 > 240$，因而直线 $2x_1 + x_2 = 240$ 上的点与不含原点一侧的半平面上的点满足约束条件

$$2x_1 + x_2 \geqslant 240$$

画出直线

$$x_1 + 2x_2 = 300$$

容易看出原点的坐标(0,0) 不满足不等式 $x_1 + 2x_2 > 300$，说明不含原点的一侧满足不等式 $x_1 + 2x_2 > 300$，因而直线 $x_1 + 2x_2 = 300$ 上的点与不含原点一侧的半平面上的点满足约束条件

$$x_1 + 2x_2 \geqslant 300$$

再画出直线

$$x_1 + x_2 = 200$$

容易看出原点的坐标(0,0) 不满足不等式 $x_1 + x_2 > 200$，说明不含原点的一侧满足不等式 $x_1 + x_2 > 200$，因而直线 $x_1 + x_2 = 200$ 上的点与不含原点一侧的半平面上的点满足约束条件

$$x_1 + x_2 \geqslant 200$$

上述三个平面点集在第一象限内的交集(含部分坐标轴) 即为可行解集 E，它是无界区域，如图 4 - 13.

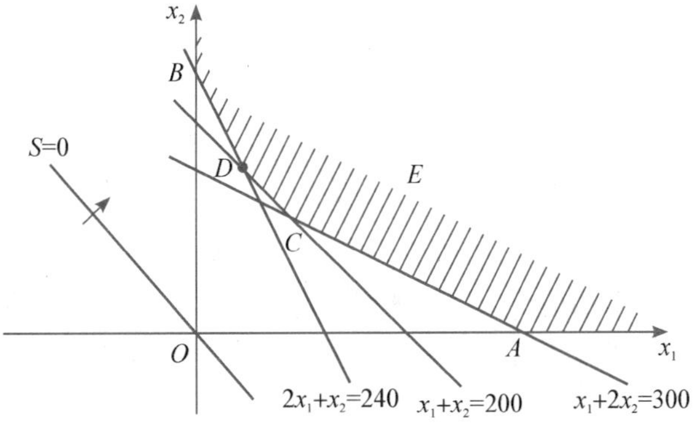

图 4 - 13

然后作目标直线 $S=0$,即

$$0.6x_1+0.5x_2=0$$

在目标直线 $S=0$ 外任取一点,不妨取点$(1,0)$,在该点处使得 $S=0.6>0$,这说明点$(1,0)$所在一侧的半平面使得$S>0$,而另一侧的半平面当然使得$S<0$,这样就确定了目标函数值增加的方向,用箭头表示.由于可行解集E全部位于$S>0$的一侧,于是可行解集E中距离目标直线 $S=0$ 最近的点 D 使得目标函数值最小,即点 D 的坐标为此线性规划问题的唯一最优解.

点 D 是直线 $2x_1+x_2=240$ 与 $x_1+x_2=200$ 的交点,解二元线性方程组

$$\begin{cases}2x_1+x_2=240\\ x_1+x_2=200\end{cases}$$

得到唯一最优解

$$\begin{cases}x_1=40\\ x_2=160\end{cases}$$

将唯一最优解代入目标函数表达式中得到最优值

$$\min S=0.6\times 40+0.5\times 160=104$$

所以农场应在 1t 普通饲料中搭配 40kg 甲种谷类与 160kg 乙种谷类,才能使得每批自用饲料的搭配成本最低,最低搭配成本值是 104 元.

习题四

4.01　某元件厂生产甲、乙两种产品,生产1件甲种产品需要在设备A上加工2小时,在设备B上加工1小时,销售后获得利润40元;生产1件乙种产品需要在设备A上加工1小时,在设备B上加工2小时,销售后获得利润50元.工厂每天可供利用的设备A加工工时为120小时,可供利用的设备B加工工时为90小时.问工厂在每天内应如何安排生产,才能使得两种产品销售后获得的总利润最大?写出这个问题的数学模型.

4.02　某机械厂生产甲、乙两种产品,生产1台甲种产品消耗3千度电,使用3t原材料,销售后获得利润2万元;生产1台乙种产品消耗1千度电,使用2t原材料,销售后获得利润1万元.工厂每月电的供应量不超过150千度,原材料的供应量不超过270t.问工厂在每月内应如何安排生产,才能使得两种产品销售后获得的总利润最大?写出这个问题的数学模型.

4.03　某铁器厂生产甲、乙、丙三种产品,生产1件甲种产品需要1小时车工加工、2小时铣工加工及2小时装配,销售后获得利润100元;生产1件乙种产品需要2小时车工加工、1小时铣工加工及2小时装配,销售后获得利润90元;生产1件丙种产品需要2小时车工加工、1小时铣工加工及1小时装配,销售后获得利润60元.工厂每月可供利用的车工加工工时为4 200小时,可供利用的铣工加工工时为6 000小时,可供利用的装配工时为3 600小时.问工厂在每月内应如何安排生产,才能使得三种产品销售后获得的总利润最大?写出这个问题的数学模型.

4.04　某工厂用甲、乙两种原料混合制作重量为55g的产品，甲种原料的平均单位成本为2.5元/g，乙种原料的平均单位成本为1元/g. 现在规定在产品中，甲种原料不少于20g，乙种原料不多于40g. 问工厂应如何在产品中搭配甲、乙两种原料，才能使得产品的搭配成本最低？写出这个问题的数学模型.

4.05　某农场配制自用饲料，每批自用饲料由1t普通饲料搭配甲、乙两种谷类混合而成. 1kg甲种谷类含2g微量元素A、1g微量元素B及1g微量元素C，购买价格为0.6元；1kg乙种谷类含1g微量元素A、2g微量元素B及1g微量元素C，购买价格为0.5元. 现在规定每批自用饲料含微量元素A的最低量为240g，含微量元素B的最低量为300g，含微量元素C的最低量为200g. 问农场应如何在1t普通饲料中搭配甲、乙两种谷类，才能使得每批自用饲料的搭配成本最低？写出这个问题的数学模型.

4.06　某机械厂需要长80cm的钢管与长60cm的钢管，它们皆从长200cm的钢管截得. 现在对长80cm钢管的需要量为800根，对长60cm钢管的需要量为300根. 问工厂应如何下料，才能使得用料最省？写出这个问题的数学模型.

4.07　仓库甲、乙储存水泥分别为21t，29t，工地A，B，C需要水泥分别为20t，18t，12t. 要将仓库甲、乙储存的水泥运往工地A，B，C，仓库甲到工地A，B，C的运价分别为5元/t、6元/t、9元/t，仓库乙到工地A，B，C的运价分别为6元/t、11元/t、16元/t. 问建筑部门应如何组织运输，才能使得总运费最省？写出这个问题的数学模型.

4.08　解线性规划问题

$$\max S = 3x_1 + 3x_2$$

$$\begin{cases} x_1 + 2x_2 \leqslant 10 \\ 2x_1 + x_2 \leqslant 14 \\ x_i \geqslant 0 \quad (i = 1,2) \end{cases}$$

4.09　解线性规划问题

$$\min S = x_1 + 2x_2$$

$$\begin{cases} x_1 + x_2 \leqslant 5 \\ x_1 - x_2 \leqslant -2 \\ x_i \geqslant 0 \quad (i = 1,2) \end{cases}$$

4.10　解线性规划问题

$$\max S = -3x_1 - 2x_2$$

$$\begin{cases} x_1 + 4x_2 \geqslant 2 \\ x_1 + x_2 \geqslant 1 \\ x_i \geqslant 0 \quad (i = 1,2) \end{cases}$$

4.11　解线性规划问题

$$\min S = -3x_1 + x_2$$

$$\begin{cases} x_1 + x_2 \leqslant 4 \\ x_1 \geqslant 2 \\ x_i \geqslant 0 \quad (i = 1,2) \end{cases}$$

4.12 解线性规划问题

$$\min S = x_1 - 2x_2$$

$$\begin{cases} x_1 - x_2 \geqslant -2 \\ x_1 + 2x_2 \leqslant 6 \\ x_i \geqslant 0 \quad (i = 1,2) \end{cases}$$

4.13 解线性规划问题

$$\max S = 2x_1 - x_2$$

$$\begin{cases} x_1 - x_2 \leqslant 4 \\ x_2 \leqslant 4 \\ x_i \geqslant 0 \quad (i = 1,2) \end{cases}$$

4.14 解线性规划问题

$$\max S = x_1 + 3x_2$$

$$\begin{cases} -x_1 + x_2 \leqslant 2 \\ x_1 \leqslant 3 \\ x_1 + x_2 = 4 \\ x_i \geqslant 0 \quad (i = 1,2) \end{cases}$$

4.15 某中药厂用当归作原料制成当归丸与当归膏，生产 1 盒当归丸需要 5 个劳动工时，使用 2kg 当归原料，销售后获得利润 160 元；生产 1 瓶当归膏需要 2 个劳动工时，使用 5kg 当归原料，销售后获得利润 80 元. 工厂现有可供利用的劳动工时为4 000工时，可供使用的当归原料为5 800kg，为了避免当归原料存放时间过长而变质，要求把这5 800kg 当归原料都用掉. 问工厂应如何安排生产，才能使得两种产品销售后获得的总利润最大?

4.16 某化工厂生产甲、乙两种产品，生产 1t 甲种产品需要 3kgA 种原料与 3kgB 种原料，销售后获得利润 8 万元；生产 1t 乙种产品需要 5kgA 种原料与 1kgB 种原料，销售后获得利润 3 万元. 工厂现有可供利用的 A 种原料为 210kg，可供利用的 B 种原料为 150kg. 问工厂应如何安排生产，才能使得两种产品销售后获得的总利润最大?

4.17 某合金厂用锡铅合金制作重量为 50g 的产品，锡的平均单位成本为 0.8 元 /g，铅的平均单位成本为 0.12 元 /g. 现在规定在产品中，锡不少于 25g，铅不多于 30g. 问工厂应如何在产品中搭配锡、铅两种原料，才能使得产品的搭配成本最低?

4.18 某食堂自制饮料，每桶饮料由一桶开水搭配甲、乙两种原料溶化混合而成. 1kg 甲种原料含 10g 糖与 30g 蛋白质，购买价格为 5 元；1kg 乙种原料含 30g 糖与 10g 蛋白质，购买价格为 3 元. 现在规定每桶饮料含糖的最低量为 90g，含蛋白质的最低量为 110g. 问食堂应如何在一桶开水中搭配甲、乙两种原料，才能使得每桶饮料的搭配成本最低?

第五章

线性规划问题的单纯形解法

§5.1 线性规划问题的标准形式

从第四章容易看出，线性规划问题可能有各种不同的形式：可以要求目标函数取值最大，也可以要求目标函数取值最小；约束条件可以是等式约束，也可以是“$\leqslant$”约束或“$\geqslant$”约束；约束条件中的常数项可以是非负实数，也可以是负实数. 这种形式的多样性给求解带来不便，为了进一步讨论对于各种情况都适用的一般解法，需要规定线性规划问题的标准形式.

定义 5.1 线性规划问题的标准形式为：

$$\max S = c_1x_1 + c_2x_2 + \cdots + c_nx_n$$

$$\begin{cases} a_{11}x_1 + a_{12}x_2 + \cdots + a_{1n}x_n = b_1 \\ a_{21}x_1 + a_{22}x_2 + \cdots + a_{2n}x_n = b_2 \\ \qquad \cdots \qquad\qquad \cdots \\ a_{m1}x_1 + a_{m2}x_2 + \cdots + a_{mn}x_n = b_m \\ x_i \geqslant 0 \quad (i = 1,2,\cdots,n) \end{cases}$$

其中常数项 $b_1,b_2,\cdots,b_m$ 皆非负.

线性规划问题的标准形式具有三个特征：

特征 1 求目标函数的最大值；

特征 2 约束条件由变量满足线性方程组与要求变量皆非负两部分组成；

特征 3 变量所满足的线性方程组中，常数项皆非负.

如何将线性规划问题的一般形式化为标准形式？分下列三种基本情况讨论：

1. 第一种基本情况

若求目标函数 S 的最小值

$$\min S = c_1x_1 + c_2x_2 + \cdots + c_nx_n$$

则引进新的目标函数 $S' = -S$,求 S 的最小值就化为求 S' 的最大值

$$\max S' = -c_1x_1 - c_2x_2 - \cdots - c_nx_n$$

所求最小值

$$\min S = -\max S'$$

2. 第二种基本情况

若约束条件中除要求变量非负外,含线性不等式约束,则引进新的非负变量,使得线性不等式化为线性方程式,这样引进的新非负变量称为松弛变量.

当线性不等式是"$\leqslant$"形式的线性不等式时,在线性不等式左端加上松弛变量,将线性不等式化为线性方程式;当线性不等式是"$\geqslant$"形式的线性不等式时,在线性不等式左端减去松弛变量,将线性不等式化为线性方程式.

3. 第三种基本情况

若约束条件中线性方程式的常数项为负值,则将该线性方程式乘以 -1,使得常数项为正值.

例 1 将线性规划问题

$$\min S = 2x_1 + x_2 + x_3$$

$$\begin{cases} 2x_1 - x_2 + x_3 = 2 \\ x_1 \qquad\quad + x_3 = 2 \\ x_i \geqslant 0 \quad (i = 1,2,3) \end{cases}$$

化为标准形式.

解:引进新的目标函数

$$S' = -S$$

于是所给线性规划问题化为标准形式:

$$\max S' = -2x_1 - x_2 - x_3$$

$$\begin{cases} 2x_1 - x_2 + x_3 = 2 \\ x_1 \qquad\quad + x_3 = 2 \\ x_i \geqslant 0 \quad (i = 1,2,3) \end{cases}$$

所求最小值

$$\min S = -\max S'$$

例 2 将线性规划问题

$$\max S = 3x_1 + 3x_2$$

$$\begin{cases} x_1 + 2x_2 \leqslant 10 \\ 2x_1 + x_2 \leqslant 14 \\ x_i \geqslant 0 \quad (i = 1,2) \end{cases}$$

化为标准形式.

解:引进松弛变量

$$x_3 \geqslant 0, x_4 \geqslant 0$$

于是所给线性规划问题化为标准形式:

$$\max S = 3x_1 + 3x_2$$

$$\begin{cases} x_1 + 2x_2 + x_3 = 10 \\ 2x_1 + x_2 + x_4 = 14 \\ x_i \geqslant 0 \quad (i = 1,2,3,4) \end{cases}$$

例 3　将线性规划问题

$$\max S = -x_1 + 2x_2 + x_3$$

$$\begin{cases} 2x_1 - x_2 + x_3 \geqslant 14 \\ x_1 + 2x_2 \geqslant 6 \\ x_i \geqslant 0 \quad (i = 1,2,3) \end{cases}$$

化为标准形式.

解:引进松弛变量

$$x_4 \geqslant 0, x_5 \geqslant 0$$

于是所给线性规划问题化为标准形式:

$$\max S = -x_1 + 2x_2 + x_3$$

$$\begin{cases} 2x_1 - x_2 + x_3 - x_4 = 14 \\ x_1 + 2x_2 - x_5 = 6 \\ x_i \geqslant 0 \quad (i = 1,2,3,4,5) \end{cases}$$

例 4　将线性规划问题

$$\max S = 3x_1 + x_2 + x_3 + x_4$$

$$\begin{cases} -x_1 + x_2 - x_3 = -1 \\ x_1 + x_2 + x_4 = 2 \\ x_i \geqslant 0 \quad (i = 1,2,3,4) \end{cases}$$

化为标准形式.

解:将约束条件中第一个线性方程式乘以 -1,于是所给线性规划问题化为标准形式:

$$\max S = 3x_1 + x_2 + x_3 + x_4$$

$$\begin{cases} x_1 - x_2 + x_3 = 1 \\ x_1 + x_2 + x_4 = 2 \\ x_i \geqslant 0 \quad (i = 1,2,3,4) \end{cases}$$

例 5　将线性规划问题

$$\min S = 0.8x_1 + 0.12x_2$$

$$\begin{cases} x_1 + x_2 = 50 \\ x_1 \geqslant 25 \\ x_2 \leqslant 30 \\ x_i \geqslant 0 \quad (i = 1,2) \end{cases}$$

化为标准形式.

解:引进新的目标函数

$$S' = -S$$

且引进松弛变量

$x_3 \geqslant 0, x_4 \geqslant 0$

于是所给线性规划问题化为标准形式：

$$\max S' = -0.8x_1 - 0.12x_2$$

$$\begin{cases} x_1 + x_2 = 50 \\ x_1 - x_3 = 25 \\ x_2 + x_4 = 30 \\ x_i \geqslant 0 \quad (i = 1,2,3,4) \end{cases}$$

所求最小值

$$\min S = -\max S'$$

上面的讨论说明，任何形式的线性规划问题都可以化为标准形式.

§5.2　基本线性规划问题的单纯形解法

在对所有变量皆有非负限制的条件下，当线性函数表达式中变量系数皆为负数时，容易得到此线性函数的最大值点. 如在变量 $x_i \geqslant 0 (i = 1,2)$ 的条件下，变量 x_1, x_2 的线性函数 $S = 1 - 2x_1 - 3x_2$ 显然有唯一最大值点 $x_1 = x_2 = 0$，最大值 $\max S = 1$；变量 x_1, x_2 的线性函数 $S = 1 - 3x_2$，显然有无穷多最大值点，它的一般表达式为 $x_1 = c$（c 为任意非负常数），$x_2 = 0$，但最大值同为 $\max S = 1$. 一般地，有下面的单纯形原理.

单纯形原理　已知线性函数

$$S = M + c_1x_1 + c_2x_2 + \cdots + c_lx_l$$

当对所有变量皆有非负限制即 $x_i \geqslant 0 (i = 1,2,\cdots,l)$ 时，如果所有系数 $c_i < 0 (i = 1,2,\cdots,l)$，则有唯一最大值点 $x_i = 0 (i = 1,2,\cdots,l)$，最大值 $\max S = M$；如果某个系数 $c_s = 0$ $(1 \leqslant s \leqslant l)$，且其余系数 $c_i < 0$ $(i \neq s)$，则有无穷多最大值点，它的一般表达式为 $x_s = c$（c 为任意非负常数），$x_i = 0 (i \neq s)$，但最大值同为 $\max S = M$.

定义 5.2　已知目标函数

$$S = c_1x_1 + c_2x_2 + \cdots + c_nx_n$$

将它改写为

$$S + (-c_1)x_1 + (-c_2)x_2 + \cdots + (-c_n)x_n = 0$$

则称此改写后的目标函数表达式为检验关系式，并称变量系数 $-c_1, -c_2, \cdots, -c_n$ 为检验数.

定义 5.3　已知线性规划问题，将它化为标准形式后，写出约束条件中线性方程组的增广矩阵，在其下端添加由检验关系式中检验数、常数项构成的一行，这样得到的矩阵称为单纯形矩阵，记作 $\boldsymbol{T}$，单纯形矩阵 $\boldsymbol{T}$ 的最下端一行称为检验行.

为了找出求解的一般方法，下面讨论一个简单的基本线性规划问题

$$\max S = -2x_1 - 3x_2$$

$$\begin{cases} 4x_1 + 5x_2 \leqslant 6 \\ 7x_1 - 8x_2 \leqslant 9 \\ x_i \geqslant 0 \quad (i = 1,2) \end{cases}$$

引进松弛变量

$$x_3 \geqslant 0, x_4 \geqslant 0$$

于是此基本线性规划问题化为标准形式：

$$\max S = -2x_1 - 3x_2$$

$$\begin{cases} 4x_1 + 5x_2 + x_3 = 6 \\ 7x_1 - 8x_2 + x_4 = 9 \\ x_i \geqslant 0 \quad (i = 1,2,3,4) \end{cases}$$

选择未知量 x_1, x_2 为自由未知量，未知量 x_3, x_4 为非自由未知量，由于目标函数 S 的表达式中只显含自由未知量 x_1, x_2，且其系数皆为负数，根据单纯形原理，当自由未知量 $x_1 = x_2 = 0$ 时，目标函数 S 取得最大值，此时从约束条件中线性方程组解得非自由未知量 $x_3 = 6, x_4 = 9$，再去掉松弛变量，于是得到所给线性规划问题的唯一最优解 $x_1 = x_2 = 0$，最优值 $\max S = 0$. 可以看出，解出此题的关键在于：目标函数的表达式中只显含自由未知量，且其系数皆为负数.

一般地，考虑求目标函数最大值的基本线性规划问题

$$\max S = c_1x_1 + c_2x_2 + \cdots + c_nx_n$$

$$\begin{cases} a_{11}x_1 + a_{12}x_2 + \cdots + a_{1n}x_n \leqslant b_1 \\ a_{21}x_1 + a_{22}x_2 + \cdots + a_{2n}x_n \leqslant b_2 \\ \quad \cdots \qquad \cdots \\ a_{m1}x_1 + a_{m2}x_2 + \cdots + a_{mn}x_n \leqslant b_m \\ x_i \geqslant 0 \quad (i = 1,2,\cdots,n) \end{cases}$$

其中常数项 $b_1, \cdots, b_m$ 皆非负. 引进松弛变量

$$x_{n+1} \geqslant 0, x_{n+2} \geqslant 0, \cdots, x_{n+m} \geqslant 0$$

于是所给基本线性规划问题化为标准形式：

$$\max S = c_1x_1 + c_2x_2 + \cdots + c_nx_n$$

$$\begin{cases} a_{11}x_1 + a_{12}x_2 + \cdots + a_{1n}x_n + x_{n+1} = b_1 \\ a_{21}x_1 + a_{22}x_2 + \cdots + a_{2n}x_n + x_{n+2} = b_2 \\ \quad \cdots \qquad \cdots \\ a_{m1}x_1 + a_{m2}x_2 + \cdots + a_{mn}x_n + x_{n+m} = b_m \\ x_i \geqslant 0 \quad (i = 1,2,\cdots,n+m) \end{cases}$$

容易看出，对于约束条件中线性方程组系数矩阵 $\mathbf{A}$，其后 m 列元素构成 m 阶单位矩阵，其 m 阶行列式当然不为零，根据 §2.2 矩阵的秩的性质 2，约束条件中线性方程组增广矩阵 $\overline{\mathbf{A}}$ 与系数矩阵 $\mathbf{A}$ 的秩都等于 m，它小于未知量的个数 $n + m$，即

$$\mathrm{r}(\overline{\mathbf{A}}) = \mathrm{r}(\mathbf{A}) = m < n + m$$

于是线性方程组有无穷多解，其中有 n 个自由未知量与 m 个非自由未知量. 这 m 个非自由未知量可以表示为 n 个自由未知量的线性函数，当然，目标函数 S 也可以表示为 n 个自由未知量的线性函数. 自由未知量称为非基变量，非自由未知量称为基变量. 这样，m 个基变量可以表示为 n 个非基变量的线性函数，目标函数 S 也可以表示为 n 个非基变量的线性函数.

显然，非基变量的选择不是唯一的，共有 C_{n+m}^{n} 种选法. 选择 n 个非基变量，也就意味着选

择 m 个基变量,应当根据需要适当选择 m 个基变量. 基变量的特征是:它在线性方程组的 m 个系数中,只有一个为1,其余全为零. m 个基变量在线性方程组的 m^2 个系数中,只有 m 个为1,它们须在不同行. 从选择这一组基变量到选择那一组基变量,可以通过对增广矩阵作初等行变换而完成.

应当使得目标函数 S 的表达式中只显含非基变量,不显含基变量,即基变量的系数全为零. 将目标函数 S 的表达式改写为检验关系式

$$S+(-c_1)x_1+(-c_2)x_2+\cdots+(-c_n)x_n=0$$

通过它与线性方程组作同解变换,可以使得其表达式中基变量的系数全为零. 在这种情况下,如果所有非基变量的系数皆非负,根据单纯形原理,则当所有非基变量取值皆为零时,目标函数 S 取得最大值,此时基变量取值为相应线性方程式的常数项. 由于对所有变量皆有非负约束,因此在运算过程中,要始终保持线性方程式的常数项皆非负.

所给基本线性规划问题的单纯形矩阵为

$$\boldsymbol{T}=\left(\begin{array}{cccccccc:c} a_{11} & a_{12} & \cdots & a_{1n} & 1 & 0 & \cdots & 0 & b_1 \\ a_{21} & a_{22} & \cdots & a_{2n} & 0 & 1 & \cdots & 0 & b_2 \\ \vdots & \vdots & & \vdots & \vdots & \vdots & & \vdots & \vdots \\ a_{m1} & a_{m2} & \cdots & a_{mn} & 0 & 0 & \cdots & 1 & b_m \\ \hdashline -c_1 & -c_2 & \cdots & -c_n & 0 & 0 & \cdots & 0 & 0 \end{array}\right)$$

从上述单纯形矩阵容易看出,所给基本线性规划问题存在一组现成的基变量 $x_{n+1},x_{n+2},\cdots,x_{n+m}$,称它们为现成的初始可行基. 令所有非基变量 $x_1,x_2,\cdots,x_n$ 取值皆为零,这时基变量 $x_{n+1}=b_1,x_{n+2}=b_2,\cdots,x_{n+m}=b_m$,它们构成初始基本可行解,相应的目标函数值 $S_1=0$.

判别此初始基本可行解是否为最优解,其方法是:观察所有检验数 $-c_1,-c_2,\cdots,-c_n$ 是否皆非负. 如果它们皆非负,则此初始基本可行解即为最优解;如果其中有负数,则此初始基本可行解不是最优解,这时应该寻找第二组基变量.

寻找第二组基变量采取渐进的方法:在初始可行基中,保留 $m-1$ 个基变量仍然作为基变量,另外一个基变量不再作为基变量,称为出基;同时在非基变量中,挑出一个非基变量补充为基变量,称为入基.

选择哪个非基变量入基?选择哪个基变量出基?既然初始基本可行解不能成为最优解的原因在于负检验数的存在,所以应该选择负检验数对应的非基变量入基,若负检验数不止一个,则可以挑出绝对值最大的负检验数,选择它对应的非基变量入基. 在所有负检验数中,绝对值最大者所在列称为主列. 于是得到结论:选择主列对应的非基变量入基,即在主列元素中,有一个元素要化为1,其余元素要化为零. 用主列中所有正元素去除同行的常数项,挑出比值最小者,其除数称为主元,主元所在行称为主行,这个原则称为最小比值原则. 对单纯形矩阵 $\boldsymbol{T}$ 作初等行变换:主行乘以主元的倒数,使得主元化为1,再将主行的适当若干倍分别加到其他各行上去,使得主列其他元素全化为零,最小比值原则保证了线性方程组的常数项始终皆非负. 这时在主行上,有一个原来为1的元素,其所在列其余元素原来皆为零,经过上述初等行变换后,现在至少有一个不为零,这说明此列对应的基变量,现在不再是基变量,即它已出基. 于是得到结论:选择主行上元素为1对应的基变量出基.

在找到第二组基变量后,令所有非基变量取值皆为零,这时基变量取值为相应线性方程

式的常数项，它们构成第二组基本可行解，相应的目标函数值 S_2 等于检验行的常数项.

再判别第二组基本可行解是否为最优解，方法仍然是：观察所有检验数是否皆非负. 如果它们皆非负，则此第二组基本可行解即为最优解；如果其中有负数，则此第二组基本可行解不是最优解，这时应该按照上述方法寻找第三组基变量.

如此继续下去，可能出现下面两种基本情况：

1. 第一种基本情况

所有检验数皆非负，说明有最优解. 在这种情况下，若非基变量对应的检验数皆为正，则有唯一最优解，令所有非基变量取值皆为零，得到唯一最优解；若非基变量对应的检验数中有零出现，这时它对应的非基变量取值由于受到必须使得基变量取值非负的制约，不能取一切非负常数，可在某范围内取任意非负常数，而不影响最优值的大小，则有无穷多最优解，令零检验数对应的非基变量取值为某范围内的任意非负常数，其余非基变量取值皆为零，得到无穷多最优解的一般表达式.

2. 第二种基本情况

某个负检验数所在列元素皆非正，意味着在只显含非基变量的基变量表达式中，该列对应的非基变量的系数非负，在只显含非基变量的目标函数表达式中，该列对应的非基变量的系数为正. 若令该非基变量取值无限增大，其余非基变量取值皆为零，这时基变量取值皆非负，目标函数值却无限增大，即无最大值，说明有可行解但无最优解.

对于求目标函数最小值的基本线性规划问题，化为标准形式后也同样求解.

这种根据单纯形原理解基本线性规划问题的一般方法称为单纯形解法，单纯形解法概括起来就是：在保证线性方程组常数项始终皆非负的情况下，从初始可行基出发，解线性方程组，要找到一组基变量，使得在只显含非基变量的检验关系式中，非基变量的系数皆非负，从而求得最优解.

综合上面的讨论，应用单纯形解法解基本线性规划问题的步骤如下：

步骤 1　确定初始可行基. 引进 m 个松弛变量，将基本线性规划问题化为标准形式，得到单纯形矩阵 $\boldsymbol{T}$，全体松弛变量构成现成的初始可行基. 在对应于现成的初始可行基的 m 个列中，将 m 个等于 1 的元素皆用圆圈圈上.

步骤 2　进行最优化检验. 若所有检验数皆非负，且非基变量对应的检验数皆为正，则有唯一最优解，令所有非基变量取值皆为零，得到唯一最优解. 若所有检验数皆非负，且非基变量对应的检验数中有零出现，则有无穷多最优解，令零检验数对应的非基变量取值为某范围内的任意非负常数，其余非基变量取值皆为零，得到无穷多最优解的一般表达式. 最优值为检验行的常数项. 若检验数中有负数，则转入步骤 3.

步骤 3　确定主元. 在所有负检验数中，选取绝对值最大者所在列为主列，用主列中所有正元素去除同行的常数项，选取比值最小者的除数为主元，将主元用方框框上，选取主元所在行为主行.

步骤 4　更换基变量. 对单纯形矩阵 $\boldsymbol{T}$ 作初等行变换，主行乘以主元的倒数，使得主元化为 1，再将主行的适当若干倍分别加到其他各行上去，使得主列其他元素全化为零. 这样做的结果就是选择主列对应的非基变量入基，同时选择主行上已用圆圈圈上的元素 1 对应的基变量出基，于是找到第二组基变量.

…　…

重复以上步骤,直至求得最优解或判别出无最优解.

例 1　解线性规划问题

$$\max S = 3x_1 + x_2$$

$$\begin{cases} x_1 + 2x_2 \leqslant 8 \\ x_1 \leqslant 6 \\ x_i \geqslant 0 \quad (i = 1,2) \end{cases}$$

解:此题属于两个变量的线性规划问题,在 §4.3 例 1 中,应用图解法已经得到它的最优解. 此题又为基本线性规划问题,现在应用单纯形解法求解,以便找出两种解法的联系,从而加深对单纯形解法的理解.

引进松弛变量

$$x_3 \geqslant 0, x_4 \geqslant 0$$

于是所给线性规划问题化为标准形式:

$$\max S = 3x_1 + x_2$$

$$\begin{cases} x_1 + 2x_2 + x_3 \qquad = 8 \\ x_1 \qquad\qquad + x_4 = 6 \\ x_i \geqslant 0 \quad (i = 1,2,3,4) \end{cases}$$

得到单纯形矩阵

$$\boldsymbol{T} = \left(\begin{array}{cccc:c} 1 & 2 & ① & 0 & 8 \\ 1 & 0 & 0 & ① & 6 \\ \hdashline -3 & -1 & 0 & 0 & 0 \end{array}\right)$$

容易看出,松弛变量 x_3,x_4 是现成的基变量,构成现成的初始可行基,变量 x_1,x_2 为非基变量. 令非基变量 $x_1 = 0$,$x_2 = 0$,得到基变量 $x_3 = 8$,$x_4 = 6$,它们构成初始基本可行解,相当于应用图解法所得到的可行解集 E 即四边形闭区域$OACB$的极点 O,相应的目标函数值 $S_1 = 0$. 但由于检验数 $-c_1 = -3 < 0$,$-c_2 = -1 < 0$,所以初始基本可行解不是最优解.

考察负检验数,其中绝对值最大者为 $|-c_1| = |-3| = 3$,因此选取第 1 列为主列. 主列中有两个正元素 $a_{11} = 1$,$a_{21} = 1$,用它们去除同行的常数项,比值最小者为

$$\min\left\{\frac{b_1}{a_{11}}, \frac{b_2}{a_{21}}\right\} = \min\left\{\frac{8}{1}, \frac{6}{1}\right\} = \frac{6}{1}$$

因此选取 $a_{21} = 1$ 为主元,选取主元所在的第 2 行为主行.

对单纯形矩阵 $\boldsymbol{T}$ 作初等行变换,使得主元 $a_{21} = 1$ 所在第 1 列(主列)其他元素全化为零,有

$$\boldsymbol{T} = \left(\begin{array}{cccc:c} 1 & 2 & ① & 0 & 8 \\ \boxed{1} & 0 & 0 & ① & 6 \\ \hdashline -3 & -1 & 0 & 0 & 0 \end{array}\right)$$

(第 2 行的 −1 倍加到第 1 行上去,第 2 行的 3 倍加到第 3 行上去)

$$\to \left(\begin{array}{cccc:c} 0 & 2 & ① & -1 & 2 \\ ① & 0 & 0 & 1 & 6 \\ \hdashline 0 & -1 & 0 & 3 & 18 \end{array}\right)$$

这样做的结果就是选择非基变量 x_1 入基，同时选择基变量 x_4 出基，于是得到由变量 x_3, x_1 构成的第二组基变量，变量 x_2, x_4 为非基变量. 令非基变量 $x_2=0, x_4=0$，得到基变量 $x_3=2, x_1=6$，它们构成第二组基本可行解，相当于应用图解法所得到的可行解集 E 即四边形闭区域 $OACB$ 的极点 A，相应的目标函数值 $S_2=18$. 但由于检验数 $-c'_2=-1<0$，所以第二组基本可行解不是最优解.

选取唯一负检验数 $-c'_2=-1$ 所在的第 2 列为主列. 主列中只有一个正元素 $a'_{12}=2$，因此选取 $a'_{12}=2$ 为主元，选取主元所在的第 1 行为主行.

对单纯形矩阵 $\boldsymbol{T}$ 继续作初等行变换使得主元 $a'_{12}=2$ 化为 1，主元 $a'_{12}=2$ 所在第 2 列(主列)其他元素全化为零，有

$$\boldsymbol{T}\to\left(\begin{array}{cccc:c} 0 & \boxed{2} & ① & -1 & 2 \\ ① & 0 & 0 & 1 & 6 \\ \hdashline 0 & -1 & 0 & 3 & 18 \end{array}\right)$$

$\left(\text{第 1 行乘以}\dfrac{1}{2}\right)$

$$\to\left(\begin{array}{cccc:c} 0 & \boxed{1} & \frac{1}{2} & -\frac{1}{2} & 1 \\ ① & 0 & 0 & 1 & 6 \\ \hdashline 0 & -1 & 0 & 3 & 18 \end{array}\right)$$

(第 1 行加到第 3 行上去)

$$\to\left(\begin{array}{cccc:c} 0 & ① & \frac{1}{2} & -\frac{1}{2} & 1 \\ ① & 0 & 0 & 1 & 6 \\ \hdashline 0 & 0 & \frac{1}{2} & \frac{5}{2} & 19 \end{array}\right)$$

这样做的结果就是选择非基变量 x_2 入基，同时选择基变量 x_3 出基，于是得到由变量 x_1, x_2 构成的第三组基变量，变量 x_3, x_4 为非基变量. 令非基变量 $x_3=0, x_4=0$，得到基变量 $x_2=1, x_1=6$，它们构成第三组基本可行解，相当于应用图解法所得到的可行解集 E 即四边形闭区域 $OACB$ 的极点 C，相应的目标函数值 $S_3=19$. 由于所有检验数皆非负，且检验数 $-c''_3=\dfrac{1}{2}>0, -c''_4=\dfrac{5}{2}>0$，即非基变量 x_3, x_4 对应的检验数皆为正，所以第三组基本可行解为唯一最优解. 在第三组基本可行解中，再去掉松弛变量，于是得到所给线性规划问题的唯一最优解

$$\begin{cases} x_1=6 \\ x_2=1 \end{cases}$$

最优值等于检验行的常数项，即

$$\max S=19$$

从例 1 中可以看出，应用单纯形解法解基本线性规划问题，是从初始基本可行解出发，从可行解集的一个极点跳到另一个极点，逐步接近最优解，并最后到达最优解. 根据 §4.3 中线性规划问题解的性质，只需经过有限个步骤，就可以从有限个极点中找到最优解.

应该注意的是:当选取主列时,在所有负检验数中,若有两个或两个以上负检验数的绝对值相等且为最大,则选取它们所在列中的哪一个列作为主列都可以;当选取主元时,在用主列所有正元素去掉同行常数项所得到的比值中,若有两个或两个以上比值相等且为最小,则选取它们除数中的哪一个除数作为主元都可以.

例 2 解线性规划问题

$$\max S = 2x_1 + 5x_2$$

$$\begin{cases} x_1 + 2x_2 \leqslant 8 \\ x_2 \leqslant 3 \\ x_i \geqslant 0 \quad (i = 1,2) \end{cases}$$

解:此题为基本线性规划问题,应用单纯形解法求解,引进松弛变量

$$x_3 \geqslant 0, x_4 \geqslant 0$$

于是所给线性规划问题化为标准形式:

$$\max S = 2x_1 + 5x_2$$

$$\begin{cases} x_1 + 2x_2 + x_3 \qquad = 8 \\ \qquad x_2 \qquad + x_4 = 3 \\ x_i \geqslant 0 \quad (i = 1,2,3,4) \end{cases}$$

得到单纯形矩阵

$$\boldsymbol{T} = \left(\begin{array}{cccc|c} 1 & 2 & \textcircled{1} & 0 & 8 \\ 0 & 1 & 0 & \textcircled{1} & 3 \\ \hline -2 & -5 & 0 & 0 & 0 \end{array}\right)$$

注意到存在由两个现成的基变量 x_3, x_4 构成的现成的初始可行基,对单纯形矩阵 $\boldsymbol{T}$ 作初等行变换,使得所有检验数皆非负,从而求得最优解,有

$$\boldsymbol{T} = \left(\begin{array}{cccc|c} 1 & 2 & \textcircled{1} & 0 & 8 \\ 0 & \boxed{1} & 0 & \textcircled{1} & 3 \\ \hline -2 & -5 & 0 & 0 & 0 \end{array}\right)$$

(第 2 行的 -2 倍加到第 1 行上去,第 2 行的 5 倍加到第 3 行上去)

$$\rightarrow \left(\begin{array}{cccc|c} \boxed{1} & 0 & \textcircled{1} & -2 & 2 \\ 0 & \textcircled{1} & 0 & 1 & 3 \\ \hline -2 & 0 & 0 & 5 & 15 \end{array}\right)$$

(第 1 行的 2 倍加到第 3 行上去)

$$\rightarrow \left(\begin{array}{cccc|c} \textcircled{1} & 0 & 1 & -2 & 2 \\ 0 & \textcircled{1} & 0 & 1 & 3 \\ \hline 0 & 0 & 2 & 1 & 19 \end{array}\right)$$

由于所有检验数皆非负,且非基变量 x_3, x_4 对应的检验数皆为正,所以基本可行解为唯一最优解.令非基变量 $x_3 = 0, x_4 = 0$,得到基变量 $x_1 = 2, x_2 = 3$,它们构成唯一最优解,再去掉松弛变量,于是得到所给线性规划问题的唯一最优解

$$\begin{cases} x_1 = 2 \\ x_2 = 3 \end{cases}$$

最优值等于检验行的常数项，即

$$\max S = 19$$

例 3　解线性规划问题

$$\min S = -x_1 + 2x_2 + x_3$$

$$\begin{cases} 2x_1 - x_2 + x_3 \leqslant 14 \\ x_1 + 2x_2 \leqslant 6 \\ x_i \geqslant 0 \quad (i = 1,2,3) \end{cases}$$

解：此题为基本线性规划问题，应用单纯形解法求解，引进新的目标函数

$$S' = -S$$

且引进松弛变量

$$x_4 \geqslant 0, x_5 \geqslant 0$$

于是所给线性规划问题化为标准形式：

$$\max S' = x_1 - 2x_2 - x_3$$

$$\begin{cases} 2x_1 - x_2 + x_3 + x_4 = 14 \\ x_1 + 2x_2 + x_5 = 6 \\ x_i \geqslant 0 \quad (i = 1,2,3,4,5) \end{cases}$$

所求最小值

$$\min S = -\max S'$$

得到单纯形矩阵

$$\boldsymbol{T} = \left(\begin{array}{ccccc:c} 2 & -1 & 1 & \textcircled{1} & 0 & 14 \\ 1 & 2 & 0 & 0 & \textcircled{1} & 6 \\ \hdashline -1 & 2 & 1 & 0 & 0 & 0 \end{array}\right)$$

注意到存在由两个现成的基变量 x_4，x_5 构成的现成的初始可行基，对单纯形矩阵 $\boldsymbol{T}$ 作初等行变换，使得所有检验数皆非负，从而求得最优解，有

$$\boldsymbol{T} = \left(\begin{array}{ccccc:c} 2 & -1 & 1 & \textcircled{1} & 0 & 14 \\ \boxed{1} & 2 & 0 & 0 & \textcircled{1} & 6 \\ \hdashline -1 & 2 & 1 & 0 & 0 & 0 \end{array}\right)$$

（第 2 行的 -2 倍加到第 1 行上去，第 2 行加到第 3 行上去）

$$\rightarrow \left(\begin{array}{ccccc:c} 0 & -5 & 1 & \textcircled{1} & -2 & 2 \\ \textcircled{1} & 2 & 0 & 0 & 1 & 6 \\ \hdashline 0 & 4 & 1 & 0 & 1 & 6 \end{array}\right)$$

由于所有检验数皆非负，且非基变量 x_2，x_3，x_5 对应的检验数皆为正，所以基本可行解为唯一最优解．令非基变量 $x_2 = 0$，$x_3 = 0$，$x_5 = 0$，得到基变量 $x_4 = 2$，$x_1 = 6$，它们构成唯一最优解，再去掉松弛变量，于是得到所给线性规划问题的唯一最优解

$$\begin{cases} x_1 = 6 \\ x_2 = 0 \\ x_3 = 0 \end{cases}$$

最优值等于检验行常数项的相反数，即

$$\min S = -\max S' = -6$$

例 4 解线性规划问题

$$\max S = x_1 - 2x_2 + x_3$$

$$\begin{cases} x_1 - 2x_2 + 2x_3 \leqslant 1 \\ x_1 + x_2 - x_3 \leqslant 6 \\ x_i \geqslant 0 \quad (i = 1,2,3) \end{cases}$$

解:此题为基本线性规划问题,应用单纯形解法求解,引进松弛变量

$$x_4 \geqslant 0, x_5 \geqslant 0$$

于是所给线性规划问题化为标准形式:

$$\max S = x_1 - 2x_2 + x_3$$

$$\begin{cases} x_1 - 2x_2 + 2x_3 + x_4 \qquad = 1 \\ x_1 + \ x_2 - \ x_3 \qquad + x_5 = 6 \\ x_i \geqslant 0 \quad (i = 1,2,3,4,5) \end{cases}$$

得到单纯形矩阵

$$\boldsymbol{T} = \left(\begin{array}{ccccc:c} 1 & -2 & 2 & \textcircled{1} & 0 & 1 \\ 1 & 1 & -1 & 0 & \textcircled{1} & 6 \\ \hdashline -1 & 2 & -1 & 0 & 0 & 0 \end{array}\right)$$

注意到存在由两个现成的基变量 x_4, x_5 构成的现成的初始可行基,对单纯形矩阵 $\boldsymbol{T}$ 作初等行变换,使得所有检验数皆非负,从而求得最优解,有

$$\boldsymbol{T} = \left(\begin{array}{ccccc:c} \boxed{1} & -2 & 2 & \textcircled{1} & 0 & 1 \\ 1 & 1 & -1 & 0 & \textcircled{1} & 6 \\ \hdashline -1 & 2 & -1 & 0 & 0 & 0 \end{array}\right)$$

(第 1 行的 -1 倍加到第 2 行上去,第 1 行加到第 3 行上去)

$$\rightarrow \left(\begin{array}{ccccc:c} \textcircled{1} & -2 & 2 & 1 & 0 & 1 \\ 0 & 3 & -3 & -1 & \textcircled{1} & 5 \\ \hdashline 0 & 0 & 1 & 1 & 0 & 1 \end{array}\right)$$

由于所有检验数皆非负,说明有最优解,又由于非基变量 x_2 对应的检验数为零,所以有无穷多最优解. 令非基变量 $x_2 = c$(c 为某范围内的非负常数),$x_3 = 0, x_4 = 0$,得到基变量 $x_1 = 2c + 1, x_5 = -3c + 5$,它们构成无穷多最优解的一般表达式. 考虑到对所有变量皆有非负约束,反过来会制约非负常数 c 的取值范围,由于变量 $x_1 \geqslant 0, x_2 \geqslant 0, x_5 \geqslant 0$,从而有

$$\begin{cases} 2c + 1 \geqslant 0 \\ c \geqslant 0 \\ -3c + 5 \geqslant 0 \end{cases}$$

得到

$$0 \leqslant c \leqslant \frac{5}{3}$$

在上面得到的无穷多最优解中,再去掉松弛变量,于是得到所给线性规划问题无穷多最优解

的一般表达式

$$\begin{cases} x_1 = 2c+1 \\ x_2 = c \\ x_3 = 0 \end{cases} \quad \left(0 \leqslant c \leqslant \frac{5}{3}\right)$$

最优值同为检验行的常数项,即

$$\max S = 1$$

例 5　解线性规划问题

$$\max S = 2x_1 - x_2$$

$$\begin{cases} x_1 - 3x_2 + x_3 \qquad = 10 \\ x_1 - \ x_2 \qquad + x_4 = 5 \\ x_i \geqslant 0 \quad (i = 1,2,3,4) \end{cases}$$

解:此题可以看作是化为标准形式的基本线性规划问题,应用单纯形解法求解,得到单纯形矩阵

$$\boldsymbol{T} = \left(\begin{array}{cccc:c} 1 & -3 & \textcircled{1} & 0 & 10 \\ 1 & -1 & 0 & \textcircled{1} & 5 \\ \hdashline -2 & 1 & 0 & 0 & 0 \end{array}\right)$$

注意到存在由两个现成的基变量 x_3,x_4 构成的现成的初始可行基,对单纯形矩阵 $\boldsymbol{T}$ 作初等行变换,使得所有检验数皆非负,从而求得最优解,有

$$\boldsymbol{T} = \left(\begin{array}{cccc:c} 1 & -3 & \textcircled{1} & 0 & 10 \\ \boxed{1} & -1 & 0 & \textcircled{1} & 5 \\ \hdashline -2 & 1 & 0 & 0 & 0 \end{array}\right)$$

(第 2 行的 -1 倍加到第 1 行上去,第 2 行的 2 倍加到第 3 行上去)

$$\rightarrow \left(\begin{array}{cccc:c} 0 & -2 & \textcircled{1} & -1 & 5 \\ \textcircled{1} & -1 & 0 & 1 & 5 \\ \hdashline 0 & -1 & 0 & 2 & 10 \end{array}\right)$$

注意到负检验数 $-c'_2 = -1$ 所在第 2 列无正元素,将基变量 x_3,x_1 及目标函数 S 用非基变量 x_2,x_4 表示为

$$\begin{cases} x_3 = 2x_2 + x_4 + 5 \\ x_1 = x_2 - x_4 + 5 \\ S = x_2 - 2x_4 + 10 \end{cases}$$

若令非基变量 x_2 取值无限增大,且非基变量 $x_4 = 0$,则根据上述关系式,基变量 x_3,x_1 仍然满足非负约束,而满足约束条件的目标函数 S 取值却无限增大,即无最大值,于是所给线性规划问题有可行解但无最优解.

§5.3　一般线性规划问题的单纯形解法

上述讨论说明:对于基本线性规划问题,应用单纯形解法可顺利求得结果,那么对于一般线性规划问题,如何应用单纯形解法求解?考虑已经化为标准形式的一般线性规划问题

$$\max S = c_1x_1 + c_2x_2 + \cdots + c_nx_n$$

$$\begin{cases} a_{11}x_1 + a_{12}x_2 + \cdots + a_{1n}x_n = b_1 \\ a_{21}x_1 + a_{22}x_2 + \cdots + a_{2n}x_n = b_2 \\ \quad \cdots \qquad \cdots \\ a_{m1}x_1 + a_{m2}x_2 + \cdots + a_{mn}x_n = b_m \\ x_i \geqslant 0 \quad (i = 1,2,\cdots,n) \end{cases}$$

其中常数项 $b_1,b_2,\cdots,b_m$ 皆非负,其单纯形矩阵为

$$\boldsymbol{T} = \left(\begin{array}{cccc:c} a_{11} & a_{12} & \cdots & a_{1n} & b_1 \\ a_{21} & a_{22} & \cdots & a_{2n} & b_2 \\ \vdots & \vdots & & \vdots & \vdots \\ a_{m1} & a_{m2} & \cdots & a_{mn} & b_m \\ \hdashline -c_1 & -c_2 & \cdots & -c_n & 0 \end{array}\right)$$

从单纯形矩阵容易看出,一般线性规划问题通常并不存在现成的初始可行基,因而这时应用单纯形解法解线性规划问题须分两个阶段:第一阶段是求初始可行基;第二阶段是求最优解.现在需要解决的问题是:如何求初始可行基?

不妨设约束条件中线性方程组增广矩阵 $\bar{\boldsymbol{A}}$ 与系数矩阵 $\boldsymbol{A}$ 的秩都等于 m,且小于未知量的个数 n,即

$$\mathrm{r}(\bar{\boldsymbol{A}}) = \mathrm{r}(\boldsymbol{A}) = m < n$$

于是线性方程组有无穷多解,其中有 $n-m$ 个自由未知量与 m 个非自由未知量,即有 $n-m$ 个非基变量与 m 个基变量.这 m 个基变量可以表示为 $n-m$ 个非基变量的线性函数,当然,目标函数 S 也可以表示为 $n-m$ 个非基变量的线性函数,即在检验关系式中基变量的系数全为零.

基变量的特征是:它在单纯形矩阵的对应列中,只有一个元素为 1,其余元素全为零,且最下端元素一定为零.m 个基变量在单纯形矩阵的 $m(m+1)$ 个对应元素中,只有 m 个为 1,它们须在不同行.

求初始可行基意味着找出 m 个基变量,其根本方法是:对单纯形矩阵 $\boldsymbol{T}$ 作初等行变换.在找到 m 个基变量后,令所有非基变量取值皆为零,这时基变量取值为相应线性方程组的常数项,欲使得它们构成初始基本可行解,必须要求线性方程组的常数项皆非负,以满足所有变量皆非负的约束.因此在对单纯形矩阵 $\boldsymbol{T}$ 作初等行变换的过程中,必须保持线性方程组的常数项始终皆非负,因而对初等行变换有所限制.

从 §5.2 可以看出,在对单纯形矩阵 $\boldsymbol{T}$ 作初等行变换的过程中,保证线性方程组常数项始终皆非负的有效方法就是最小比值原则.根据这个原则,可以依次求出构成初始可行基的 m 个基变量,其步骤如下:

步骤 1 求第一个基变量.在单纯形矩阵 $\boldsymbol{T}$ 中,用线性方程组所有变量的正系数去除同行的常数项,挑出比值最小者,其除数称为第一个基元,将第一个基元用方框框上.对单纯形矩阵 $\boldsymbol{T}$ 作初等行变换,第一个基元所在行乘以第一个基元的倒数,使得第一个基元化为 1,再将第一个基元所在行的适当若干倍分别加到其他各行上去,使得第一个基元所在列其他元素全化为零,且保证了线性方程组的常数项皆非负,于是选择第一个基元对应的变量为第一

个基变量；

步骤 2　求第二个基变量. 在新的单纯形矩阵中，将第一个基元用圆圈圈上. 去掉第一个基元所在列，用线性方程组所有变量的正系数去除同行的常数项，若比值最小者的除数与第一个基元不在同一行，则其除数称为第二个基元，将第二个基元用方框框上，并对新的单纯形矩阵作初等行变换，使得第二个基元化为 1，第二个基元所在列其他元素全化为零，于是选择第二个基元对应的变量为第二个基变量. 若比值最小者的除数与第一个基元在同一行，由于对应于构成初始可行基 m 个基变量的基元必须位于不同行，则不能选择这个比值最小者的除数为第二个基元，即不能选择它对应的变量为第二个基变量，这时再去掉这个比值最小者的除数所在列，继续应用上述作法寻找第二个基元，并选择第二个基元对应的变量为第二个基变量；

……　……

重复以上步骤，如果找出位于不同行的 m 个基元，则得到由 m 个相应基变量构成的初始可行基，说明所给线性规划问题有可行解；如果找不出位于不同行的 m 个基元，即得不到构成初始可行基的 m 个基变量，则不存在初始可行基，说明线性规划问题无可行解.

当然，求得的初始可行基不是唯一的. 若存在现成的基变量，则应该先选取它，再求得其余基变量. 应该注意的是：当选取基元时，在用线性方程组变量正系数去除同行常数项所得到的比值中，若有两个或两个以上比值相等且为最小，则在满足与已选出基元在不同行的条件下，选取它们除数中的哪一个除数作为基元都可以.

应用单纯形解法解线性规划问题时，若线性规划问题存在现成的初始可行基，则直接求最优解；若线性规划问题不存在现成的初始可行基，则分两个阶段求解，第一阶段是求初始可行基，第二阶段是求最优解.

例 1　解线性规划问题

$$\max S = x_1 + 2x_2 + 3x_3$$

$$\begin{cases} 2x_1 - x_2 = 1 \\ x_1 + x_3 = 1 \\ x_i \geqslant 0 \quad (i = 1,2,3) \end{cases}$$

解：应用单纯形解法求解，所给线性规划问题已经是标准形式，得到单纯形矩阵

$$\boldsymbol{T} = \left(\begin{array}{ccc:c} 2 & -1 & 0 & 1 \\ 1 & 0 & 1 & 1 \\ \hdashline -1 & -2 & -3 & 0 \end{array}\right)$$

注意到不存在现成的初始可行基，于是分两个阶段解此线性规划问题.

第一阶段是对单纯形矩阵 $\boldsymbol{T}$ 作初等行变换，求得两个基变量，从而求得初始可行基. 根据最小比值原则，在单纯形矩阵 $\boldsymbol{T}$ 中，考察线性方程组变量的正系数，共有三个，它们是 $a_{11} = 2$，$a_{21} = 1$，$a_{23} = 1$，用它们去除同行的常数项，比值最小者为

$$\min\left\{\frac{b_1}{a_{11}}, \frac{b_2}{a_{21}}, \frac{b_2}{a_{23}}\right\} = \min\left\{\frac{1}{2}, \frac{1}{1}, \frac{1}{1}\right\} = \frac{1}{2}$$

因此选取 $a_{11} = 2$ 为第一个基元. 对单纯形矩阵 $\boldsymbol{T}$ 作初等行变换，将第一个基元 $a_{11} = 2$ 化为 1，第一个基元 $a_{11} = 2$ 所在第 1 列其他元素全化为零，有

$$T=\left(\begin{array}{ccc:c}\boxed{2} & -1 & 0 & 1 \\ 1 & 0 & 1 & 1 \\ \hdashline -1 & -2 & -3 & 0\end{array}\right)$$

$\left(第 1 行乘以\dfrac{1}{2}\right)$

$$\rightarrow\left(\begin{array}{ccc:c}\boxed{1} & -\frac{1}{2} & 0 & \frac{1}{2} \\ 1 & 0 & 1 & 1 \\ \hdashline -1 & -2 & -3 & 0\end{array}\right)$$

(第 1 行的 −1 倍加到第 2 行上去,第 1 行加到第 3 行上去)

$$\rightarrow\left(\begin{array}{ccc:c}① & -\frac{1}{2} & 0 & \frac{1}{2} \\ 0 & \frac{1}{2} & 1 & \frac{1}{2} \\ \hdashline 0 & -\frac{5}{2} & -3 & \frac{1}{2}\end{array}\right)$$

于是选择第一个基元 $a_{11}=2$ 对应的变量 x_1 为第一个基变量. 在新的单纯形矩阵中,去掉第一个基元所在的第1列,考察变量的正系数,共有两个,它们是 $a'_{22}=\dfrac{1}{2}$,$a'_{23}=1$,用它们去除同行的常数项,比值最小者为

$$\min\left\{\frac{b'_2}{a'_{22}},\frac{b'_2}{a'_{23}}\right\}=\min\left\{\frac{\frac{1}{2}}{\frac{1}{2}},\frac{\frac{1}{2}}{1}\right\}=\frac{\frac{1}{2}}{1}$$

由于 $a'_{23}=1$ 与第一个基元不在同一行,因此选取 $a'_{23}=1$ 为第二个基元. 对单纯形矩阵 $\boldsymbol{T}$ 继续作初等行变换,将第二个基元 $a'_{23}=1$ 所在第 3 列其他元素全化为零,有

$$\boldsymbol{T}\rightarrow\left(\begin{array}{ccc:c}① & -\frac{1}{2} & 0 & \frac{1}{2} \\ 0 & \frac{1}{2} & \boxed{1} & \frac{1}{2} \\ \hdashline 0 & -\frac{5}{2} & -3 & \frac{1}{2}\end{array}\right)$$

(第 2 行的 3 倍加到第 3 行上去)

$$\rightarrow\left(\begin{array}{ccc:c}① & -\frac{1}{2} & 0 & \frac{1}{2} \\ 0 & \frac{1}{2} & ① & \frac{1}{2} \\ \hdashline 0 & -1 & 0 & 2\end{array}\right)$$

于是选择第二个基元 $a'_{23}=1$ 对应的变量 x_3 为第二个基变量. 于是得到由两个基变量 x_1,x_3 构成的初始可行基.

第二阶段是使得所有检验数皆非负,从而求得最优解. 选取唯一负检验数 $-c''_2=-1$ 所

在的第 2 列为主列. 主列中只有一个正元素 $a''_{22}=\frac{1}{2}$,因此选取 $a''_{22}=\frac{1}{2}$ 为主元,选取主元所在的第 2 行为主行. 对单纯形矩阵 $\boldsymbol{T}$ 继续作初等行变换:将主元 $a''_{22}=\frac{1}{2}$ 化为 1,主元 $a''_{22}=\frac{1}{2}$ 所在第 2 列(主列)其他元素全化为零,有

$$\boldsymbol{T}\rightarrow\left(\begin{array}{ccc:c} ① & -\frac{1}{2} & 0 & \frac{1}{2} \\ 0 & \boxed{\frac{1}{2}} & ① & \frac{1}{2} \\ \hdashline 0 & -1 & 0 & 2 \end{array}\right)$$

(第 2 行乘以 2)

$$\rightarrow\left(\begin{array}{ccc:c} ① & -\frac{1}{2} & 0 & \frac{1}{2} \\ 0 & \boxed{1} & 2 & 1 \\ \hdashline 0 & -1 & 0 & 2 \end{array}\right)$$

$\left(\text{第 2 行的}\frac{1}{2}\text{倍加到第 1 行上去,第 2 行加到第 3 行上去}\right)$

$$\rightarrow\left(\begin{array}{ccc:c} ① & 0 & 1 & 1 \\ 0 & ① & 2 & 1 \\ \hdashline 0 & 0 & 2 & 3 \end{array}\right)$$

由于所有检验数皆非负,且非基变量 x_3 对应的检验数为正,所以基本可行解为唯一最优解. 令非基变量 $x_3=0$,得到基变量 $x_1=1,x_2=1$,于是得到所给线性规划问题的唯一最优解

$$\begin{cases} x_1=1 \\ x_2=1 \\ x_3=0 \end{cases}$$

最优值等于检验行的常数项,即

$$\max S=3$$

例 2　解线性规划问题

$$\min S=3x_1-x_2+2x_3$$

$$\begin{cases} x_1+2x_2-x_3\geqslant 2 \\ -x_1+x_2+x_3=4 \\ -x_1+2x_2-x_3\leqslant 6 \\ x_i\geqslant 0\quad(i=1,2,3) \end{cases}$$

解:应用单纯形解法求解,引进新的目标函数

$$S'=-S$$

且引进松弛变量

$$x_4\geqslant 0,x_5\geqslant 0$$

于是所给线性规划问题化为标准形式:

$$\max S' = -3x_1 + x_2 - 2x_3$$

$$\begin{cases} x_1 + 2x_2 - x_3 - x_4 = 2 \\ -x_1 + x_2 + x_3 = 4 \\ -x_1 + 2x_2 - x_3 + x_5 = 6 \\ x_i \geqslant 0 \quad (i = 1,2,3,4,5) \end{cases}$$

所求最小值

$$\min S = -\max S'$$

得到单纯形矩阵

$$\boldsymbol{T} = \left(\begin{array}{ccccc:c} 1 & 2 & -1 & -1 & 0 & 2 \\ -1 & 1 & 1 & 0 & 0 & 4 \\ -1 & 2 & -1 & 0 & \textcircled{1} & 6 \\ \hdashline 3 & -1 & 2 & 0 & 0 & 0 \end{array}\right)$$

注意到不存在现成的初始可行基,于是分两个阶段解此线性规划问题.

第一阶段是对单纯形矩阵 $\boldsymbol{T}$ 作初等行变换,求得三个基变量,从而求得初始可行基,由于存在现成的第一个基元 $a_{35} = 1$,即存在现成的第一个基变量 x_5,因而只需求得第二个基变量与第三个基变量,有

$$\boldsymbol{T} = \left(\begin{array}{ccccc:c} 1 & \boxed{2} & -1 & -1 & 0 & 2 \\ -1 & 1 & 1 & 0 & 0 & 4 \\ -1 & 2 & -1 & 0 & \textcircled{1} & 6 \\ \hdashline 3 & -1 & 2 & 0 & 0 & 0 \end{array}\right)$$

$\left(\text{第 1 行乘以}\dfrac{1}{2}\right)$

$$\rightarrow \left(\begin{array}{ccccc:c} \frac{1}{2} & \boxed{1} & -\frac{1}{2} & -\frac{1}{2} & 0 & 1 \\ -1 & 1 & 1 & 0 & 0 & 4 \\ -1 & 2 & -1 & 0 & \textcircled{1} & 6 \\ \hdashline 3 & -1 & 2 & 0 & 0 & 0 \end{array}\right)$$

(第 1 行的 -1 倍加到第 2 行上去,第 1 行的 -2 倍加到第 3 行上去,第 1 行加到第 4 行上去)

$$\rightarrow \left(\begin{array}{ccccc:c} \frac{1}{2} & \textcircled{1} & -\frac{1}{2} & -\frac{1}{2} & 0 & 1 \\ -\frac{3}{2} & 0 & \boxed{\frac{3}{2}} & \frac{1}{2} & 0 & 3 \\ -2 & 0 & 0 & 1 & \textcircled{1} & 4 \\ \hdashline \frac{7}{2} & 0 & \frac{3}{2} & -\frac{1}{2} & 0 & 1 \end{array}\right)$$

$\left(\text{第 2 行乘以}\dfrac{2}{3}\right)$

$$\rightarrow\left(\begin{array}{ccccc|c} \frac{1}{2} & \textcircled{1} & -\frac{1}{2} & -\frac{1}{2} & 0 & 1 \\ -1 & 0 & \boxed{1} & \frac{1}{3} & 0 & 2 \\ -2 & 0 & 0 & 1 & \textcircled{1} & 4 \\ \hline \frac{7}{2} & 0 & \frac{3}{2} & -\frac{1}{2} & 0 & 1 \end{array}\right)$$

$\left(\text{第 2 行的}\frac{1}{2}\text{倍加到第 1 行上去，第 2 行的}-\frac{3}{2}\text{倍加到第 4 行上去}\right)$

$$\rightarrow\left(\begin{array}{ccccc|c} 0 & \textcircled{1} & 0 & -\frac{1}{3} & 0 & 2 \\ -1 & 0 & \textcircled{1} & \frac{1}{3} & 0 & 2 \\ -2 & 0 & 0 & 1 & \textcircled{1} & 4 \\ \hline 5 & 0 & 0 & -1 & 0 & -2 \end{array}\right)$$

于是得到由三个基变量 x_5, x_2, x_3 构成的初始可行基.

第二阶段是对单纯形矩阵 $\boldsymbol{T}$ 继续作初等行变换，使得所有检验数皆非负，从而求得最优解，有

$$\boldsymbol{T}\rightarrow\left(\begin{array}{ccccc|c} 0 & \textcircled{1} & 0 & -\frac{1}{3} & 0 & 2 \\ -1 & 0 & \textcircled{1} & \frac{1}{3} & 0 & 2 \\ -2 & 0 & 0 & \boxed{1} & \textcircled{1} & 4 \\ \hline 5 & 0 & 0 & -1 & 0 & -2 \end{array}\right)$$

$\left(\text{第 3 行的}\frac{1}{3}\text{倍加到第 1 行上去，第 3 行的}-\frac{1}{3}\text{倍加到第 2 行上去，第 3 行加到第 4 行上去}\right)$

$$\rightarrow\left(\begin{array}{ccccc|c} -\frac{2}{3} & \textcircled{1} & 0 & 0 & \frac{1}{3} & \frac{10}{3} \\ -\frac{1}{3} & 0 & \textcircled{1} & 0 & -\frac{1}{3} & \frac{2}{3} \\ -2 & 0 & 0 & \textcircled{1} & 1 & 4 \\ \hline 3 & 0 & 0 & 0 & 1 & 2 \end{array}\right)$$

由于所有检验数皆非负，且非基变量 x_1, x_5 对应的检验数皆为正，所以基本可行解为唯一最优解. 令非基变量 $x_1=0, x_5=0$，得到基变量 $x_2=\frac{10}{3}, x_3=\frac{2}{3}, x_4=4$，它们构成唯一最优解，再去掉松弛变量，于是得到所给线性规划问题的唯一最优解

$$\begin{cases} x_1=0 \\ x_2=\frac{10}{3} \\ x_3=\frac{2}{3} \end{cases}$$

最优值等于检验行常数项的相反数,即

$$\min S = -\max S' = -2$$

例 3 解线性规划问题

$$\max S = x_1 + 2x_2$$

$$\begin{cases} x_1 + x_2 + x_3 \qquad = 10 \\ 2x_1 + x_2 \qquad - x_4 = 30 \\ x_i \geqslant 0 \quad (i = 1,2,3,4) \end{cases}$$

解:应用单纯形解法求解,所给线性规划问题已经是标准形式,得到单纯形矩阵

$$\boldsymbol{T} = \left(\begin{array}{cccc:c} 1 & 1 & \textcircled{1} & 0 & 10 \\ 2 & 1 & 0 & -1 & 30 \\ \hdashline -1 & -2 & 0 & 0 & 0 \end{array}\right)$$

注意到不存在现成的初始可行基,于是分两个阶段解此线性规划问题.

第一阶段是对单纯形矩阵 $\boldsymbol{T}$ 作初等行变换,求得两个基变量,从而求得初始可行基,由于存在现成的第一个基元 $a_{13} = 1$,即存在现成的第一个基变量 x_3. 在寻找第二个基元时,根据最小比值原则,应该考虑正系数 $a_{11} = 1$ 或 $a_{12} = 1$,但由于它们与第一个基元 $a_{13} = 1$ 在同一行,因而不能选择它们中的任何一个为第二个基元. 这意味着找不出位于不同行的两个基元,即得不到构成初始可行基的两个基变量,于是不存在初始可行基,说明线性规划问题无可行解,当然也就无最优解.

§5.4 单纯形解法在实际工作中的应用

单纯形解法对于解线性规划问题是非常有效的,它在实际工作中有着广泛的应用,其步骤如下:

步骤 1 根据实际背景建立数学模型;

步骤 2 应用单纯形解法求得最优解.

例 1 某铁器厂生产甲、乙、丙三种产品,生产 1 件甲种产品需要 1 小时车工加工、2 小时铣 工加工及 2 小时装配,销售后获得利润 100 元;生产 1 件乙种产品需要 2 小时车工加工、1 小时铣工加工及 2 小时装配,销售后获得利润 90 元;生产 1 件丙种产品需要 2 小时车工加工、1 小时铣工加工及 1 小时装配,销售后获得利润 60 元. 工厂每月可供利用的车工加工工时为 4 200 小时,可供利用的铣工加工工时为 6 000 小时,可供利用的装配工时为 3 600 小时. 问工厂在每月内应如何安排生产,才能使得三种产品销售后获得的总利润最大?

解:设工厂在每月内生产 x_1 件甲种产品、x_2 件乙种产品及 x_3 件丙种产品,变量 x_1,x_2,x_3 即为决策变量. 考虑到每月车工加工工时可供数量的限制,有

$$x_1 + 2x_2 + 2x_3 \leqslant 4\,200$$

考虑到每月铣工加工工时可供数量的限制,有

$$2x_1 + x_2 + x_3 \leqslant 6\,000$$

考虑到每月装配工时可供数量的限制,有

$$2x_1+2x_2+x_3\leqslant 3\,600$$

当然对决策变量皆有非负约束,有

$$x_i\geqslant 0,\text{整数}\quad (i=1,2,3)$$

上述线性不等式构成了约束条件.三种产品销售后获得的总利润即目标函数为

$$S=100x_1+90x_2+60x_3(\text{元})$$

于是得到这个线性规划问题的数学模型为:

$$\max S=100x_1+90x_2+60x_3$$

$$\begin{cases}x_1+2x_2+2x_3\leqslant 4\,200\\2x_1+x_2+x_3\leqslant 6\,000\\2x_1+2x_2+x_3\leqslant 3\,600\\x_i\geqslant 0,\text{整数}\quad (i=1,2,3)\end{cases}$$

此题为基本线性规划问题,应用单纯形解法求解,引进松弛变量

$$x_4\geqslant 0,x_5\geqslant 0,x_6\geqslant 0$$

于是所得到线性规划问题化为标准形式:

$$\max S=100x_1+90x_2+60x_3$$

$$\begin{cases}x_1+2x_2+2x_3+x_4=4\,200\\2x_1+x_2+x_3+x_5=6\,000\\2x_1+2x_2+x_3+x_6=3\,600\\x_i\geqslant 0,\text{整数}\quad (i=1,2,3,4,5,6)\end{cases}$$

得到单纯形矩阵

$$\boldsymbol{T}=\left(\begin{array}{cccccc|c}1&2&2&①&0&0&4\,200\\2&1&1&0&①&0&6\,000\\2&2&1&0&0&①&3\,600\\\hline -100&-90&-60&0&0&0&0\end{array}\right)$$

注意到存在由三个现成的基变量 x_4,x_5,x_6 构成的现成的初始可行基,对单纯形矩阵 $\boldsymbol{T}$ 作初等行变换,使得所有检验数皆非负,从而求得最优解,有

$$\boldsymbol{T}=\left(\begin{array}{cccccc|c}1&2&2&①&0&0&4\,200\\2&1&1&0&①&0&6\,000\\\boxed{2}&2&1&0&0&①&3\,600\\\hline -100&-90&-60&0&0&0&0\end{array}\right)$$

$\left(\text{第 3 行乘以}\dfrac{1}{2}\right)$

$$\rightarrow\left(\begin{array}{cccccc|c}1&2&2&①&0&0&4\,200\\2&1&1&0&①&0&6\,000\\\boxed{1}&1&\frac{1}{2}&0&0&\frac{1}{2}&1\,800\\\hline -100&-90&-60&0&0&0&0\end{array}\right)$$

(第 3 行的 −1 倍加到第 1 行上去,第 3 行的 −2 倍加到第 2 行上去,第 3 行的 100 倍加到第 4 行上去)

$$\rightarrow\left(\begin{array}{cccccc:c} 0 & 1 & \boxed{\frac{3}{2}} & \textcircled{1} & 0 & -\frac{1}{2} & 2\ 400 \\ 0 & -1 & 0 & 0 & \textcircled{1} & -1 & 2\ 400 \\ \textcircled{1} & 1 & \frac{1}{2} & 0 & 0 & \frac{1}{2} & 1\ 800 \\ \hdashline 0 & 10 & -10 & 0 & 0 & 50 & 180\ 000 \end{array}\right)$$

$\left(\text{第 1 行乘以}\frac{2}{3}\right)$

$$\rightarrow\left(\begin{array}{cccccc:c} 0 & \frac{2}{3} & \boxed{1} & \frac{2}{3} & 0 & -\frac{1}{3} & 1\ 600 \\ 0 & -1 & 0 & 0 & \textcircled{1} & -1 & 2\ 400 \\ \textcircled{1} & 1 & \frac{1}{2} & 0 & 0 & \frac{1}{2} & 1\ 800 \\ \hdashline 0 & 10 & -10 & 0 & 0 & 50 & 180\ 000 \end{array}\right)$$

$\left(\text{第 1 行的}-\frac{1}{2}\text{倍加到第 3 行上去,第 1 行的 10 倍加到第 4 行上去}\right)$

$$\rightarrow\left(\begin{array}{cccccc:c} 0 & \frac{2}{3} & \textcircled{1} & \frac{2}{3} & 0 & -\frac{1}{3} & 1\ 600 \\ 0 & -1 & 0 & 0 & \textcircled{1} & -1 & 2\ 400 \\ \textcircled{1} & \frac{2}{3} & 0 & -\frac{1}{3} & 0 & \frac{2}{3} & 1\ 000 \\ \hdashline 0 & \frac{50}{3} & 0 & \frac{20}{3} & 0 & \frac{140}{3} & 196\ 000 \end{array}\right)$$

由于所有检验数皆非负,且非基变量 x_2,x_4,x_6 对应的检验数皆为正,所以基本可行解为唯一最优解. 令非基变量 $x_2=0,x_4=0,x_6=0$,得到基变量 $x_3=1\ 600$,$x_5=2\ 400,x_1=1\ 000$,它们构成唯一最优解,再去掉松弛变量,于是得到所给线性规划问题的唯一最优解

$$\begin{cases} x_1=1\ 000 \\ x_2=0 \\ x_3=1\ 600 \end{cases}$$

最优值等于检验行的常数项,即

$$\max S=196\ 000$$

所以工厂在每月内应生产1 000 件甲种产品与 1 600 件丙种产品且不生产乙种产品,才能使得产品销售后获得的总利润最大,最大总利润值是196 000 元.

例 2 某机械厂需要长 80cm 的钢管与长 60cm 的钢管,它们皆从长 200cm 的钢管截得. 现在对长 80cm 钢管的需要量为 800 根,对长 60cm 钢管的需要量为 300 根. 问工厂应如何下料,才能使得用料最省?

解:共有三种下料方式,其中第一种下料方式是将 1 根长 200cm 的钢管截得 2 根长 80cm 的钢管;第二种下料方式是将 1 根长 200cm 的钢管截得 1 根长 80cm 的钢管与 2 根长 60cm 的钢管;第三种下料方式是将 1 根长 200cm 的钢管截得 3 根长 60cm 的钢管. 这三种下料方式应

该混合使用,设第一种下料方式用掉 x_1 根长 200cm 的钢管,第二种下料方式用掉 x_2 根长 200cm 的钢管,第三种下料方式用掉 x_3 根长 200cm 的钢管,变量 x_1,x_2,x_3 即为决策变量. 考虑到对长 80cm 钢管所需数量的要求,有

$$2x_1+x_2\geqslant 800$$

考虑到对长 60cm 钢管所需数量的要求,有

$$2x_2+3x_3\geqslant 300$$

当然对决策变量皆有非负约束,有

$$x_i\geqslant 0,\text{整数}\quad (i=1,2,3)$$

上述线性不等式构成了约束条件. 用掉长 200cm 钢管的总数即目标函数为

$$S=x_1+x_2+x_3(\text{根})$$

于是得到这个线性规划问题的数学模型为:

$$\min S=x_1+x_2+x_3$$

$$\begin{cases}2x_1+x_2\geqslant 800\\ 2x_2+3x_3\geqslant 300\\ x_i\geqslant 0,\text{整数}\quad (i=1,2,3)\end{cases}$$

应用单纯形解法求解,引进新的目标函数

$$S'=-S$$

且引进松弛变量

$$x_4\geqslant 0,x_5\geqslant 0$$

于是所得到线性规划问题化为标准形式:

$$\max S'=-x_1-x_2-x_3$$

$$\begin{cases}2x_1+x_2-x_4=800\\ 2x_2+3x_3-x_5=300\\ x_i\geqslant 0,\text{整数}\quad (i=1,2,3,4,5)\end{cases}$$

所求最小值

$$\min S=-\max S'$$

得到单纯形矩阵

$$\boldsymbol{T}=\left(\begin{array}{ccccc:c}2&1&0&-1&0&800\\0&2&3&0&-1&300\\ \hdashline 1&1&1&0&0&0\end{array}\right)$$

注意到不存在现成的初始可行基,于是分两个阶段解此线性规划问题.

第一阶段是对单纯形矩阵 $\boldsymbol{T}$ 作初等行变换,求得两个基变量,从而求得初始可行基,有

$$\boldsymbol{T}=\left(\begin{array}{ccccc:c}2&1&0&-1&0&800\\0&2&\boxed{3}&0&-1&300\\ \hdashline 1&1&1&0&0&0\end{array}\right)$$

$\left(\text{第 2 行乘以}\dfrac{1}{3}\right)$

$$\rightarrow\left(\begin{array}{ccccc|c} 2 & 1 & 0 & -1 & 0 & 800 \\ 0 & \frac{2}{3} & \boxed{1} & 0 & -\frac{1}{3} & 100 \\ \hline 1 & 1 & 1 & 0 & 0 & 0 \end{array}\right)$$

(第 2 行的 -1 倍加到第 3 行上去)

$$\rightarrow\left(\begin{array}{ccccc|c} \boxed{2} & 1 & 0 & -1 & 0 & 800 \\ 0 & \frac{2}{3} & \textcircled{1} & 0 & -\frac{1}{3} & 100 \\ \hline 1 & \frac{1}{3} & 0 & 0 & \frac{1}{3} & -100 \end{array}\right)$$

$\left(\text{第 1 行乘以}\frac{1}{2}\right)$

$$\rightarrow\left(\begin{array}{ccccc|c} \boxed{1} & \frac{1}{2} & 0 & -\frac{1}{2} & 0 & 400 \\ 0 & \frac{2}{3} & \textcircled{1} & 0 & -\frac{1}{3} & 100 \\ \hline 1 & \frac{1}{3} & 0 & 0 & \frac{1}{3} & -100 \end{array}\right)$$

(第 1 行的 -1 倍加到第 3 行上去)

$$\rightarrow\left(\begin{array}{ccccc|c} \textcircled{1} & \frac{1}{2} & 0 & -\frac{1}{2} & 0 & 400 \\ 0 & \frac{2}{3} & \textcircled{1} & 0 & -\frac{1}{3} & 100 \\ \hline 0 & -\frac{1}{6} & 0 & \frac{1}{2} & \frac{1}{3} & -500 \end{array}\right)$$

于是得到由两个基变量 x_3, x_1 构成的初始可行基.

第二阶段是对单纯形矩阵 $\boldsymbol{T}$ 继续作初等行变换,使得所有检验数皆非负,从而求得最优解,有

$$\boldsymbol{T}\rightarrow\left(\begin{array}{ccccc|c} \textcircled{1} & \frac{1}{2} & 0 & -\frac{1}{2} & 0 & 400 \\ 0 & \boxed{\frac{2}{3}} & \textcircled{1} & 0 & -\frac{1}{3} & 100 \\ \hline 0 & -\frac{1}{6} & 0 & \frac{1}{2} & \frac{1}{3} & -500 \end{array}\right)$$

$\left(\text{第 2 行乘以}\frac{3}{2}\right)$

$$\rightarrow\left(\begin{array}{ccccc:c} ① & \frac{1}{2} & 0 & -\frac{1}{2} & 0 & 400 \\ 0 & \boxed{1} & \frac{3}{2} & 0 & -\frac{1}{2} & 150 \\ \hdashline 0 & -\frac{1}{6} & 0 & \frac{1}{2} & \frac{1}{3} & -500 \end{array}\right)$$

$\left(\text{第 2 行的}-\frac{1}{2}\text{倍加到第 1 行上去，第 2 行的}\frac{1}{6}\text{倍加到第 3 行上去}\right)$

$$\rightarrow\left(\begin{array}{ccccc:c} ① & 0 & -\frac{3}{4} & -\frac{1}{2} & \frac{1}{4} & 325 \\ 0 & ① & \frac{3}{2} & 0 & -\frac{1}{2} & 150 \\ \hdashline 0 & 0 & \frac{1}{4} & \frac{1}{2} & \frac{1}{4} & -475 \end{array}\right)$$

由于所有检验数皆非负，且非基变量 x_3,x_4,x_5 对应的检验数皆为正，所以基本可行解为唯一最优解. 令非基变量 $x_3=0,x_4=0,x_5=0$，得到基变量 $x_1=325,x_2=150$，它们构成唯一最优解，再去掉松弛变量，于是得到所给线性规划问题的唯一最优解

$$\begin{cases} x_1=325 \\ x_2=150 \\ x_3=0 \end{cases}$$

最优值等于检验行常数项的相反数，即

$$\min S=-\max S'=-(-475)=475$$

所以工厂应采用第一种下料方式用掉 325 根长 200cm 的钢管，第二种下料方式用掉 150 根长 200cm 的钢管，且不采用第三种下料方式，才能使得用料最省，最省用料是 475 根长 200cm 的钢管.

例 3　仓库甲、乙储存水泥分别为 21t，29t，工地 A，B，C 需要水泥分别为 20t，18t，12t. 要将仓库甲、乙储存的水泥运往工地 A，B，C，仓库甲到工地 A，B，C 的运价分别为 5 元/t、6 元/t、9 元/t，仓库乙到工地 A，B，C 的运价分别为6 元/t、11 元/t、16 元/t. 问建筑部门应如何组织运输，才能使得总运费最省？

解：设仓库甲运往工地 A，B，C 的水泥数量分别为 x_{11}t，x_{12}t，x_{13}t，仓库乙运往工地 A，B，C 的水泥数量分别为 x_{21}t，x_{22}t，x_{23}t，变量 $x_{11},x_{12},x_{13},x_{21},x_{22},x_{23}$ 即为决策变量. 由于储需平衡，因而从仓库甲、乙运出的水泥数量等于各自的储量，有

$$x_{11}+x_{12}+x_{13}=21$$
$$x_{21}+x_{22}+x_{23}=29$$

由于储需平衡，因而运进工地 A，B，C 的水泥数量等于各自的需求量，有

$$x_{11}+x_{21}=20$$
$$x_{12}+x_{22}=18$$
$$x_{13}+x_{23}=12$$

由于储需平衡，因而这五个线性方程式中有一个线性方程式是多余的，不妨去掉第一个线性方程式. 当然对决策变量皆有非负约束，有

$$x_{ij} \geqslant 0 \quad (i=1,2;j=1,2,3)$$

上述线性方程式与线性不等式构成了约束条件. 总运费即目标函数为

$$S = 5x_{11} + 6x_{12} + 9x_{13} + 6x_{21} + 11x_{22} + 16x_{23}(\text{元})$$

于是得到这个线性规划问题的数学模型为:

$$\min S = 5x_{11} + 6x_{12} + 9x_{13} + 6x_{21} + 11x_{22} + 16x_{23}$$

$$\begin{cases} x_{21} + x_{22} + x_{23} = 29 \\ x_{11} + x_{21} = 20 \\ x_{12} + x_{22} = 18 \\ x_{13} + x_{23} = 12 \\ x_{ij} \geqslant 0 \quad (i=1,2;j=1,2,3) \end{cases}$$

应用单纯形解法求解,引进新的目标函数

$$S' = -S$$

于是所得到线性规划问题化为标准形式:

$$\max S' = -5x_{11} - 6x_{12} - 9x_{13} - 6x_{21} - 11x_{22} - 16x_{23}$$

$$\begin{cases} x_{21} + x_{22} + x_{23} = 29 \\ x_{11} + x_{21} = 20 \\ x_{12} + x_{22} = 18 \\ x_{13} + x_{23} = 12 \\ x_{ij} \geqslant 0 \quad (i=1,2;j=1,2,3) \end{cases}$$

所求最小值

$$\min S = -\max S'$$

得到单纯形矩阵

$$\boldsymbol{T} = \left(\begin{array}{cccccc:c} 0 & 0 & 0 & 1 & 1 & 1 & 29 \\ 1 & 0 & 0 & 1 & 0 & 0 & 20 \\ 0 & 1 & 0 & 0 & 1 & 0 & 18 \\ 0 & 0 & 1 & 0 & 0 & 1 & 12 \\ \hdashline 5 & 6 & 9 & 6 & 11 & 16 & 0 \end{array}\right)$$

注意到不存在现成的初始可行基,于是分两个阶段解此线性规划问题.

第一阶段是对单纯形矩阵 $\boldsymbol{T}$ 作初等行变换,求得四个基变量,从而求得初始可行基,有

$$\boldsymbol{T} = \left(\begin{array}{cccccc:c} 0 & 0 & 0 & 1 & 1 & 1 & 29 \\ 1 & 0 & 0 & 1 & 0 & 0 & 20 \\ 0 & 1 & 0 & 0 & 1 & 0 & 18 \\ 0 & 0 & \boxed{1} & 0 & 0 & 1 & 12 \\ \hdashline 5 & 6 & 9 & 6 & 11 & 16 & 0 \end{array}\right)$$

(第 4 行的 −9 倍加到第 5 行上去)

$$\rightarrow\left(\begin{array}{cccccc:c} 0 & 0 & 0 & 1 & 1 & 1 & 29 \\ 1 & 0 & 0 & 1 & 0 & 0 & 20 \\ 0 & \boxed{1} & 0 & 0 & 1 & 0 & 18 \\ 0 & 0 & \textcircled{1} & 0 & 0 & 1 & 12 \\ \hdashline 5 & 6 & 0 & 6 & 11 & 7 & -108 \end{array}\right)$$

（第 3 行的 -6 倍加到第 5 行上去）

$$\rightarrow\left(\begin{array}{cccccc:c} 0 & 0 & 0 & 1 & 1 & 1 & 29 \\ 1 & 0 & 0 & \boxed{1} & 0 & 0 & 20 \\ 0 & \textcircled{1} & 0 & 0 & 1 & 0 & 18 \\ 0 & 0 & \textcircled{1} & 0 & 0 & 1 & 12 \\ \hdashline 5 & 0 & 0 & 6 & 5 & 7 & -216 \end{array}\right)$$

（第 2 行的 -1 倍加到第 1 行上去，第 2 行的 -6 倍加到第 5 行上去）

$$\rightarrow\left(\begin{array}{cccccc:c} -1 & 0 & 0 & 0 & \boxed{1} & 1 & 9 \\ 1 & 0 & 0 & \textcircled{1} & 0 & 0 & 20 \\ 0 & \textcircled{1} & 0 & 0 & 1 & 0 & 18 \\ 0 & 0 & \textcircled{1} & 0 & 0 & 1 & 12 \\ \hdashline -1 & 0 & 0 & 0 & 5 & 7 & -336 \end{array}\right)$$

（第 1 行的 -1 倍加到第 3 行上去，第 1 行的 -5 倍加到第 5 行上去）

$$\rightarrow\left(\begin{array}{cccccc:c} -1 & 0 & 0 & 0 & \textcircled{1} & 1 & 9 \\ 1 & 0 & 0 & \textcircled{1} & 0 & 0 & 20 \\ 1 & \textcircled{1} & 0 & 0 & 0 & -1 & 9 \\ 0 & 0 & \textcircled{1} & 0 & 0 & 1 & 12 \\ \hdashline 4 & 0 & 0 & 0 & 0 & 2 & -381 \end{array}\right)$$

于是得到由四个基变量 $x_{13}, x_{12}, x_{21}, x_{22}$ 构成的初始可行基.

第二阶段是求得最优解，由于所有检验数皆非负，且非基变量 x_{11}, x_{23} 对应的检验数皆为正，所以基本可行解为唯一最优解. 令非基变量 $x_{11}=0, x_{23}=0$，得到基变量 $x_{22}=9$，$x_{21}=20, x_{12}=9, x_{13}=12$，于是得到这个线性规划问题的唯一最优解

$$\begin{cases} x_{11}=0 \\ x_{12}=9 \\ x_{13}=12 \\ x_{21}=20 \\ x_{22}=9 \\ x_{23}=0 \end{cases}$$

最优值等于检验行常数项的相反数，即

$$\min S=-\max S'=-(-381)=381$$

所以建筑部门应从仓库甲调出 9t 水泥运往工地 B、12t 水泥运往工地 C，从仓库乙调出 20t 水泥运往工地 A、9t 水泥运往工地 B，才能使得总运费最省，最省总运费值是 381 元.

习题五

5.01　将线性规划问题

$$\min S = -x_1 + 2x_2 + x_3$$

$$\begin{cases} x_1 - x_2 + x_3 = 2 \\ x_1 + x_2 = 6 \\ x_i \geqslant 0 \quad (i = 1,2,3) \end{cases}$$

化为标准形式.

5.02　将线性规划问题

$$\max S = 8x_1 + 3x_2$$

$$\begin{cases} 3x_1 + 5x_2 \leqslant 210 \\ 3x_1 + x_2 \leqslant 150 \\ x_i \geqslant 0 \quad (i = 1,2) \end{cases}$$

化为标准形式.

5.03　将线性规划问题

$$\max S = -2x_1 - x_2$$

$$\begin{cases} x_1 + x_2 \geqslant 1 \\ 4x_1 + x_2 \geqslant 2 \\ x_i \geqslant 0 \quad (i = 1,2) \end{cases}$$

化为标准形式.

5.04　将线性规划问题

$$\max S = 6x_1 - 4x_2 + x_3$$

$$\begin{cases} x_1 - 2x_2 + 3x_3 = -4 \\ 3x_1 + x_2 - 4x_3 = 6 \\ x_i \geqslant 0 \quad (i = 1,2,3) \end{cases}$$

化为标准形式.

5.05　解线性规划问题

$$\max S = 4x_1 + 5x_2$$

$$\begin{cases} 2x_1 + x_2 \leqslant 8 \\ x_1 + 2x_2 \leqslant 7 \\ x_2 \leqslant 3 \\ x_i \geqslant 0 \quad (i = 1,2) \end{cases}$$

5.06　解线性规划问题

$$\max S = 2x_1 + 3x_2$$

$$\begin{cases} x_1 + x_2 \leqslant 6 \\ x_1 + 2x_2 \leqslant 8 \\ x_1 \leqslant 4 \\ x_i \geqslant 0 \quad (i = 1,2) \end{cases}$$

5.07　解线性规划问题

$$\max S = 4x_1 + 3x_3$$

$$\begin{cases} x_1 - x_2 \leqslant 2 \\ 2x_1 + x_3 \leqslant 5 \\ x_1 + x_2 + x_3 \leqslant 3 \\ x_i \geqslant 0 \quad (i = 1,2,3) \end{cases}$$

5.08　解线性规划问题

$$\min S = -x_1 + 2x_2 - x_3$$

$$\begin{cases} -2x_1 + x_2 + x_3 \leqslant 4 \\ x_1 + 2x_2 \leqslant 6 \\ x_i \geqslant 0 \quad (i = 1,2,3) \end{cases}$$

5.09　解线性规划问题

$$\max S = x_1 + 2x_2$$

$$\begin{cases} 2x_1 + x_2 + x_3 \leqslant 2 \\ -x_1 + x_2 - x_3 \leqslant 1 \\ x_i \geqslant 0 \quad (i = 1,2,3) \end{cases}$$

5.10　解线性规划问题

$$\max S = -x_1 + x_2$$

$$\begin{cases} x_1 - 2x_2 \geqslant 4 \\ x_1 + x_2 \geqslant 7 \\ x_i \geqslant 0 \quad (i = 1,2) \end{cases}$$

5.11　解线性规划问题

$$\min S = x_1 - 2x_2$$

$$\begin{cases} x_1 + x_2 \geqslant 9 \\ x_1 - 3x_2 \geqslant 5 \\ x_i \geqslant 0 \quad (i = 1,2) \end{cases}$$

5.12　解线性规划问题

$$\max S = 2x_1 - x_2 + 2x_3$$

$$\begin{cases} x_1 + x_2 + x_3 = 8 \\ -2x_1 + x_3 = 2 \\ x_i \geqslant 0 \quad (i = 1,2,3) \end{cases}$$

5.13　解线性规划问题

$$\min S = x_1 - 2x_2 - x_3$$

$$\begin{cases} 2x_1 + x_2 + x_3 \leqslant 15 \\ x_1 + 2x_2 - x_3 = 6 \\ x_i \geqslant 0 \quad (i = 1,2,3) \end{cases}$$

5.14　解线性规划问题

$$\max S = 3x_1 - x_2 - x_3$$

$$\begin{cases} x_1 - 2x_2 + x_3 \leqslant 11 \\ -4x_1 + x_2 + 2x_3 \geqslant 3 \\ -2x_1 + x_3 = 1 \\ x_i \geqslant 0 \quad (i = 1,2,3) \end{cases}$$

5.15　某机械厂生产甲、乙两种产品，生产1台甲种产品消耗3千度电，使用3t原材料，销售后获得利润2万元；生产1台乙种产品消耗1千度电，使用2t原材料，销售后获得利润1万元. 工厂每月电的供应量不超过150千度，原材料的供应量不超过270t. 问工厂在每月内应 如何安排生产，才能使得两种产品销售后获得的总利润最大?

5.16　某精密仪器厂生产甲、乙、丙三种仪器，生产1台甲种仪器需要7小时加工与6小时装配，销售后获得利润300元；生产1台乙种仪器需要8小时加工与4小时装配，销售后获得利润250元；生产1台丙种仪器需要5小时加工与3小时装配，销售后获得利润180元. 工厂每月可供利用的加工工时为2 000小时，可供利用的装配工时为1 200小时，又预测每月对丙种仪器的需求不超过300台. 问工厂在每月内应如何安排生产，才能使得三种仪器销售后获得的总利润最大?

5.17　某家具厂需要长80cm的角钢与长60cm的角钢，它们皆从长210cm的角钢截得. 现在对长80cm角钢的需要量为150根，对长60cm角钢的需要量为330根，问工厂应如何下料，才能使得用料最省?

5.18　农场A，B生产苹果分别为23t，27t，宾馆甲、乙、丙需要苹果分别为17t，18t，15t. 要将农场A，B生产的苹果运往宾馆甲、乙、丙，农场A到宾馆甲、乙、丙的运价分别为50元/t、60元/t、70元/t，农场B到宾馆甲、乙、丙的运价分别为60元/t、110元/t、160元/t. 问农场部门应如何组织运输，才能使得总运费最省?

习题答案

习　题　一

1.01	(1)1	(2)a^2+b^2
1.02	(1)18	(2)0
	(3)0	(4)$-xyz$
1.03	(1)2	(2)-2
	(3)-4	(4)-16
1.04	-80	
1.05	(1)-1	(2)8
	(3)96	(4)1
1.06	(1)$(x-2)^3$	(2)$(x-a)(x-b)(x-c)$
1.07	(1)$1-x^3$	(2)$(a+3)(a-1)^3$
1.08	7	
1.09	3	
1.10	(1)-33	(2)15
	(3)32	(4)45

1.11　(1) a^4-b^4　　(2) $(a^2-b^2)^2$

1.12　(1) x^3+1　　(2) $(x^2-1)(y^2-1)$

1.13　(1) 有唯一解

(2) 唯一解 $\begin{cases} x=2 \\ y=3 \end{cases}$

1.14　(1) 有唯一解

(2) 唯一解 $\begin{cases} x_1=1 \\ x_2=2 \\ x_3=3 \end{cases}$

1.15　有非零解

1.16　$k=-1$ 或 $k=4$

1.17　(1) 0　　(2) -5

(3) 1　　(4) -1

(5) $8abcd$　　(6) 1

(7) -9　　(8) -15

1.18　(1)(b)　　(2)(a)

(3)(d)　　(4)(c)

(5)(d)　　(6)(c)

(7)(d)　　(8)(a)

习　题　二

2.01　(1) $\begin{pmatrix} 3 & 0 & 7 \\ 5 & 0 & 1 \end{pmatrix}$　　(2) $\begin{pmatrix} -1 & -4 & -7 \\ -5 & 1 & -2 \\ 0 & -3 & 3 \end{pmatrix}$

2.02　(1) $\begin{pmatrix} 0 & 7 \\ 0 & 0 \end{pmatrix}$　　(2) $\begin{pmatrix} 0 & 0 \\ 0 & 0 \end{pmatrix}$

2.03　(1) $(5\quad 8\quad 5\quad 6)$　　(2) $\begin{pmatrix} -2 \\ 12 \\ 17 \end{pmatrix}$

(3) $\begin{pmatrix} 5 & 0 & -5 \\ 1 & 7 & 6 \\ 2 & -1 & -3 \end{pmatrix}$　　(4) $\begin{pmatrix} 0 & -4 & 3 & -5 \\ 1 & 9 & -2 & 12 \end{pmatrix}$

2.04　$\begin{pmatrix} 1 & -8 \\ 11 & 11 \end{pmatrix}$

2.05　$\begin{pmatrix} 7 & -7 \\ 2 & -16 \end{pmatrix}$

2.06 (1)2 (2)2

(3)4 (4)3

2.07 $k=9$

2.08 (1)$\begin{pmatrix}1&2&3\\0&1&2\\0&0&1\end{pmatrix}$ (2)$\begin{pmatrix}a^2&0&0\\0&b^2&0\\0&0&c^2\end{pmatrix}$

2.09 $\begin{pmatrix}15&46\\-10&21\end{pmatrix}$

2.10 (1)2 (2)32

(3)4 (4)4

2.11 (1)$\boldsymbol{A}$ 可逆,$\boldsymbol{A}^{-1}=\begin{pmatrix}-2&1\\\frac{3}{2}&-\frac{1}{2}\end{pmatrix}$

(2)$\boldsymbol{A}$ 不可逆

2.12 (1)$\boldsymbol{A}$ 可逆,$\boldsymbol{A}^{-1}=\begin{pmatrix}1&0&0\\-\frac{1}{2}&\frac{1}{2}&0\\0&-\frac{1}{3}&\frac{1}{3}\end{pmatrix}$

(2)$\boldsymbol{A}$ 可逆,$\boldsymbol{A}^{-1}=\begin{pmatrix}1&0&1\\0&-1&0\\0&2&1\end{pmatrix}$

(3)$\boldsymbol{A}$ 可逆,$\boldsymbol{A}^{-1}=\begin{pmatrix}3&0&2\\\frac{1}{2}&\frac{1}{2}&0\\1&0&1\end{pmatrix}$

(4)$\boldsymbol{A}$ 可逆,$\boldsymbol{A}^{-1}=\begin{pmatrix}1&1&0\\1&2&2\\0&1&3\end{pmatrix}$

2.13 $\boldsymbol{A}=\begin{pmatrix}-9&-1&3\\-2&-1&1\\4&0&-1\end{pmatrix}$

2.14 (1) 有唯一解

(2) 唯一解$\begin{cases}x_1=1\\x_2=1\\x_3=1\end{cases}$

2.15 线性无关

2.16 线性相关

2.17 (1)3 (2) -15

(3)3 (4) $\begin{pmatrix} 1 & 2\lambda \\ 0 & 1 \end{pmatrix}$

(5)8 (6) $\begin{pmatrix} 1 & 3 & 2 \\ 2 & 1 & 3 \\ 3 & 2 & 1 \end{pmatrix}$

(7) $\boldsymbol{A}^{-1}\boldsymbol{C}\boldsymbol{B}^{-1}$ (8) 线性相关

2.18 (1)(a) (2)(d)

(3)(c) (4)(b)

(5)(d) (6)(d)

(7)(a) (8)(c)

习 题 三

3.01 (1) $\mathrm{r}(\bar{\boldsymbol{A}}) = 4, \mathrm{r}(\boldsymbol{A}) = 4$

(2) 有唯一解 $\begin{cases} x_1 = -1 \\ x_2 = -1 \\ x_3 = 0 \\ x_4 = 1 \end{cases}$

3.02 (1) $\mathrm{r}(\bar{\boldsymbol{A}}) = 2, \mathrm{r}(\boldsymbol{A}) = 2$

(2) 有无穷多解 $\begin{cases} x_1 = -c + 5 \\ x_2 = -2c - 3 \\ x_3 = c \end{cases}$ （c 为任意常数）

3.03 (1) $\mathrm{r}(\bar{\boldsymbol{A}}) = 3, \mathrm{r}(\boldsymbol{A}) = 3$

(2) 有无穷多解 $\begin{cases} x_1 = -8 \\ x_2 = c + 3 \\ x_3 = 2c + 6 \\ x_4 = c \end{cases}$ （c 为任意常数）

3.04 (1) $\mathrm{r}(\bar{\boldsymbol{A}}) = 3, \mathrm{r}(\boldsymbol{A}) = 3$

(2) 有无穷多解 $\begin{cases} x_1 = -c + 2 \\ x_2 = 1 \\ x_3 = 0 \\ x_4 = c \end{cases}$ （c 为任意常数）

3.05 (1)$r(\bar{\boldsymbol{A}})=2, r(\boldsymbol{A})=2$

(2) 有无穷多解 $\begin{cases} x_1=-\dfrac{4}{3}c_1-\dfrac{1}{3}c_2+\dfrac{1}{3} \\ x_2=c_1 \\ x_3=c_2 \\ x_4=1 \end{cases}$ （c_1, c_2 为任意常数）

3.06 (1)$r(\bar{\boldsymbol{A}})=3, r(\boldsymbol{A})=2$

(2) 无解

3.07 当 $\lambda\neq-2$ 且 $\lambda\neq2$ 时，有唯一解

当 $\lambda=2$ 时，有无穷多解

当 $\lambda=-2$ 时，无解

3.08 $\lambda=5$

3.09 (1) 有非零解

(2)$\begin{cases} x_1=-c \\ x_2=c \\ x_3=c \end{cases}$ （c 为任意常数）

3.10 无非零解

3.11 (1) 有非零解

(2)$\begin{cases} x_1=-7c \\ x_2=3c \\ x_3=c \end{cases}$ （c 为任意常数）

3.12 (1) 存在基础解系

(2)$\boldsymbol{\xi}=\begin{pmatrix} 2 \\ 3 \\ 1 \end{pmatrix}$

3.13 (1) 存在基础解系

(2)$\boldsymbol{\xi}_1=\begin{pmatrix} 1 \\ 1 \\ 0 \\ 0 \end{pmatrix}, \boldsymbol{\xi}_2=\begin{pmatrix} -3 \\ 0 \\ 1 \\ 1 \end{pmatrix}$

3.14 $\lambda=1$

3.15 $\boldsymbol{A}=\begin{pmatrix}0.4 & 0.1 & 0.2\\ 0.1 & 0.4 & 0.1\\ 0.1 & 0.1 & 0.3\end{pmatrix}$

3.16 $x_1=160, x_2=180, x_3=160$

3.17 (1)$\begin{cases}x_1=-2c+1\\ x_2=c\\ x_3=2\end{cases}$ (c 为任意常数)　　(2)4

(3)2　　(4)6

(5)-1　　(6)5

(7)$\begin{cases}x_1=c\\ x_2=0\\ x_3=c\end{cases}$ (c 为任意常数)　　(8)3

3.18 (1)(d)　　(2)(c)

(3)(a)　　(4)(d)

(5)(a)　　(6)(c)

(7)(a)　　(8)(c)

习　题　四

4.01 设工厂在每天内生产 x_1 件甲种产品与 x_2 件乙种产品,两种产品销售后获得的总利润为 S 元.

$$\max S=40x_1+50x_2$$

$$\begin{cases}2x_1+x_2\leqslant 120\\ x_1+2x_2\leqslant 90\\ x_i\geqslant 0,\text{整数}\quad (i=1,2)\end{cases}$$

4.02 设工厂在每月内生产 x_1 台甲种产品与 x_2 台乙种产品,两种产品销售后获得的总利润为 S 万元.

$$\max S=2x_1+x_2$$

$$\begin{cases}3x_1+x_2\leqslant 150\\ 3x_1+2x_2\leqslant 270\\ x_i\geqslant 0,\text{整数}\quad (i=1,2)\end{cases}$$

4.03 设工厂在每月内生产 x_1 件甲种产品、x_2 件乙种产品及 x_3 件丙种产品,三种产品销售后获得的总利润为 S 元.

$$\max S=100x_1+90x_2+60x_3$$

$$\begin{cases}x_1+2x_2+2x_3\leqslant 4\ 200\\ 2x_1+x_2+x_3\leqslant 6\ 000\\ 2x_1+2x_2+x_3\leqslant 3\ 600\\ x_i\geqslant 0,\text{整数}\quad (i=1,2,3)\end{cases}$$

4.04 设工厂在产品中搭配 x_1g 甲种原料与 x_2g 乙种原料，产品的搭配成本为 S 元.

$$\min S = 2.5x_1 + x_2$$

$$\begin{cases} x_1 + x_2 = 55 \\ x_1 \geqslant 20 \\ x_2 \leqslant 40 \\ x_i \geqslant 0 \quad (i = 1,2) \end{cases}$$

4.05 设农场在 1t 普通饲料中搭配 $x_1$kg 甲种谷类与 $x_2$kg 乙种谷类，每批自用饲料的搭配成本为 S 元.

$$\min S = 0.6x_1 + 0.5x_2$$

$$\begin{cases} 2x_1 + x_2 \geqslant 240 \\ x_1 + 2x_2 \geqslant 300 \\ x_1 + x_2 \geqslant 200 \\ x_i \geqslant 0 \quad (i = 1,2) \end{cases}$$

4.06 第一种下料方式是将 1 根长 200cm 的钢管截得 2 根长 80cm 的钢管；第二种下料方式是将 1 根长 200cm 的钢管截得 1 根长 80cm 的钢管与 2 根长 60cm 的钢管；第三种下料方式是将 1 根长 200cm 的钢管截得 3 根长 60cm 的钢管. 设第一种下料方式用掉 x_1 根长 200cm 的钢管，第二种下料方式用掉 x_2 根长 200cm 的钢管，第三种下料方式用掉 x_3 根长 200cm 的钢管，用掉长 200cm 钢管的总数为 S 根.

$$\min S = x_1 + x_2 + x_3$$

$$\begin{cases} 2x_1 + x_2 \geqslant 800 \\ 2x_2 + 3x_3 \geqslant 300 \\ x_i \geqslant 0, \text{整数} \quad (i = 1,2,3) \end{cases}$$

4.07 设仓库甲运往工地 A,B,C 的水泥分别为 x_{11}t,x_{12}t,x_{13}t，仓库乙运往工地 A,B,C 的水泥分别为 x_{21}t,x_{22}t,x_{23}t，总运费为 S 元.

$$\min S = 5x_{11} + 6x_{12} + 9x_{13} + 6x_{21} + 11x_{22} + 16x_{23}$$

$$\begin{cases} x_{21} + x_{22} + x_{23} = 29 \\ x_{11} + x_{21} = 20 \\ x_{12} + x_{22} = 18 \\ x_{13} + x_{23} = 12 \\ x_{ij} \geqslant 0 \quad (i = 1,2; j = 1,2,3) \end{cases}$$

4.08 唯一最优解 $\begin{cases} x_1 = 6 \\ x_2 = 2 \end{cases}$

最优值 $\max S = 24$

4.09 唯一最优解 $\begin{cases} x_1 = 0 \\ x_2 = 2 \end{cases}$

最优值 $\min S = 4$

4.10 唯一最优解 $\begin{cases} x_1 = 0 \\ x_2 = 1 \end{cases}$

最优值 $\max S = -2$

4.11　唯一最优解$\begin{cases} x_1 = 4 \\ x_2 = 0 \end{cases}$

最优值 $\min S = -12$

4.12　唯一最优解$\begin{cases} x_1 = \dfrac{2}{3} \\ x_2 = \dfrac{8}{3} \end{cases}$

最优值 $\min S = -\dfrac{14}{3}$

4.13　唯一最优解$\begin{cases} x_1 = 8 \\ x_2 = 4 \end{cases}$

最优值 $\max S = 12$

4.14　唯一最优解$\begin{cases} x_1 = 1 \\ x_2 = 3 \end{cases}$

最优值 $\max S = 10$

4.15　工厂应生产 400 盒当归丸与 1 000 瓶当归膏，才能使得两种产品销售后获得的总利润最大，最大总利润值是 144 000 元.

4.16　工厂应生产 45t 甲种产品与 15t 乙种产品，才能使得两种产品销售后获得的总利润最大，最大总利润值是 405 万元.

4.17　工厂应在产品中搭配 25g 锡与 25g 铅，才能使得产品的搭配成本最低，最低搭配成本值是 23 元.

4.18　食堂应在一桶开水中搭配 3kg 甲种原料与 2kg 乙种原料，才能使得每桶饮料的搭配成本最低，最低搭配成本值是 21 元.

习　题　五

5.01　$\max S' = x_1 - 2x_2 - x_3$

$$\begin{cases} x_1 - x_2 + x_3 = 2 \\ x_1 + x_2 = 6 \\ x_i \geqslant 0 \quad (i = 1,2,3) \end{cases}$$

所求最小值 $\min S = -\max S'$

5.02　$\max S = 8x_1 + 3x_2$

$$\begin{cases} 3x_1 + 5x_2 + x_3 = 210 \\ 3x_1 + x_2 + x_4 = 150 \\ x_i \geqslant 0 \quad (i = 1,2,3,4) \end{cases}$$

5.03　$\max S = -2x_1 - x_2$

$$\begin{cases} x_1 + x_2 - x_3 = 1 \\ 4x_1 + x_2 - x_4 = 2 \\ x_i \geqslant 0 \quad (i = 1,2,3,4) \end{cases}$$

5.04 $\max S = 6x_1 - 4x_2 + x_3$

$$\begin{cases} -x_1 + 2x_2 - 3x_3 = 4 \\ 3x_1 + x_2 - 4x_3 = 6 \\ x_i \geqslant 0 \quad (i = 1,2,3) \end{cases}$$

5.05 唯一最优解 $\begin{cases} x_1 = 3 \\ x_2 = 2 \end{cases}$

最优值 $\max S = 22$

5.06 唯一最优解 $\begin{cases} x_1 = 4 \\ x_2 = 2 \end{cases}$

最优值 $\max S = 14$

5.07 唯一最优解 $\begin{cases} x_1 = 2 \\ x_2 = 0 \\ x_3 = 1 \end{cases}$

最优值 $\max S = 11$

5.08 唯一最优解 $\begin{cases} x_1 = 6 \\ x_2 = 0 \\ x_3 = 16 \end{cases}$

最优值 $\min S = -22$

5.09 无穷多最优解 $\begin{cases} x_1 = -\dfrac{2}{3}c + \dfrac{1}{3} \\ x_2 = \dfrac{1}{3}c + \dfrac{4}{3} \\ x_3 = c \end{cases} \quad \left(0 \leqslant c \leqslant \dfrac{1}{2}\right)$

最优值 $\max S = 3$

5.10 唯一最优解 $\begin{cases} x_1 = 6 \\ x_2 = 1 \end{cases}$

最优值 $\max S = -5$

5.11 唯一最优解 $\begin{cases} x_1 = 8 \\ x_2 = 1 \end{cases}$

最优值 $\min S = 6$

5.12 唯一最优解 $\begin{cases} x_1 = 2 \\ x_2 = 0 \\ x_3 = 6 \end{cases}$

最优值 $\max S = 16$

5.13 唯一最优解 $\begin{cases} x_1 = 0 \\ x_2 = 7 \\ x_3 = 8 \end{cases}$

最优值 $\min S = -22$

5.14 唯一最优解$\begin{cases} x_1 = 4 \\ x_2 = 1 \\ x_3 = 9 \end{cases}$

最优值 $\max S = 2$

5.15 工厂在每月内应生产 10 台甲种产品与 120 台乙种产品,才能使得两种产品销售后获得的总利润最大,最大总利润值是 140 万元.

5.16 工厂在每月内应生产 20 台甲种仪器、45 台乙种仪器及 300 台丙种仪器,才能使得三种仪器销售后获得的总利润最大,最大总利润值是 71 250 元.

5.17 第一种下料方式是将 1 根长 210cm 的角钢截得 2 根长 80cm 的角钢;第二种下料方式是将 1 根长 210cm 的角钢截得 1 根长 80cm 的角钢与 2 根长 60cm 的角钢;第三种下料方式是将 1 根长 210cm 的角钢截得 3 根长 60cm 的角钢.工厂应不采用第一种下料方式,采用第二种下料方式用掉 150 根长 210cm 的角钢,第三种下料方式用掉 10 根长 210cm 的角钢,才能使得用料最省,最省用料是 160 根长 210cm 的角钢.

5.18 农场部门应从农场 A 调出 8t 苹果运往宾馆乙、15t 苹果运往宾馆丙,从农场 B 调出 17t 苹果运往宾馆甲、10t 苹果运往宾馆乙,才能使得总运费最省,最省总运费值是 3 650 元.

图书在版编目(CIP)数据

线性代数与线性规划/周誓达编著. —4版. —北京:中国人民大学出版社,2018.1
大学本科经济应用数学基础特色教材系列
ISBN 978-7-300-25107-3

Ⅰ.①线… Ⅱ.①周… Ⅲ.①线件代数-高等学校-教材②线性规划-高等学校-教材 Ⅳ.①O151.2②O221.1

中国版本图书馆CIP数据核字(2017)第265620号

大学本科经济应用数学基础特色教材系列
经济应用数学基础(二)
线性代数与线性规划(第四版)
周誓达 编著
Xianxingdaishu Yu Xianxingguihua

出版发行	中国人民大学出版社		
社　　址	北京中关村大街31号	**邮政编码**	100080
电　　话	010－62511242(总编室)		010－62511770(质管部)
	010－82501766(邮购部)		010－62514148(门市部)
	010－62515195(发行公司)		010－62515275(盗版举报)
网　　址	http://www.crup.com.cn		
	http://www.ttrnet.com(人大教研网)		
经　　销	新华书店		
印　　刷	北京七色印务有限公司	**版　　次**	2005年10月第1版
规　　格	185 mm×260 mm　16开本		2018年1月第4版
印　　张	10.5	**印　　次**	2021年2月第3次印刷
字　　数	248 000	**定　　价**	27.00元